快速成型技术与应用

韩 霞 编著

机械工业出版社

本书对当今快速成型技术与应用进行了系统、全面的介绍，详细介绍了目前常用的快速成型技术、材料及设备、数据处理及关键技术、应用及发展趋势等内容。本书的显著特点是实践内容较为丰富、条理清晰、图文并茂。

本书可作为高等院校机械类和材料加工类专业以及相关职业技术院校的教材和参考书，也可作为制造业新技术培训教材及从事快速成型技术研究工作人员的参考书。

图书在版编目（CIP）数据

快速成型技术与应用/韩霞编著. —2 版 . —北京：机械工业出版社，2016. 8（2022. 8 重印）

ISBN 978-7-111-54513-2

Ⅰ. ①快… Ⅱ. ①韩… Ⅲ. ①快速成型技术 Ⅳ. ①TB4

中国版本图书馆 CIP 数据核字（2016）第 186996 号

机械工业出版社（北京市百万庄大街 22 号 邮政编码 100037）
策划编辑：曲彩云 责任编辑：曲彩云 王 珑
责任校对：潘 蕊 陈延翔 封面设计：陈 沛
责任印制：常天培
北京机工印刷厂有限公司印刷
2022 年 8 月第 2 版第 7 次印刷
169mm×239mm · 14.25 印张 · 288 千字
标准书号：ISBN 978-7-111-54513-2
定价：39.00 元

凡购本书，如有缺页、倒页、脱页，由本社发行部调换

电话服务 网络服务

服务咨询热线：010-88361066 机工官网：www.cmpbook.com

读者购书热线：010-68326294 机工官博：weibo.com/cmp1952

010-88379203 金 书 网：www.golden-book.com

封面无防伪标均为盗版 教育服务网：www.cmpedu.com

前　言

快速成型（Rapid Prototyping，RP）技术是 20 世纪 90 年代迅速发展起来的一种先进制造技术，是服务于制造业新产品开发的一种关键技术。它对促进企业产品创新、缩短新产品研发周期、提高产品竞争力等起着积极的推动作用。该技术自问世以来，逐渐在世界各国的制造业中得到了广泛的应用，并由此催生出一个新兴的技术领域。

目前，快速成型技术已被国际社会誉为第三次工业革命的重要标志，美、英、法、日等发达国家都已将快速成型技术纳入国家计划。我国对 3D 打印制定的发展目标是到 2017 年初步建立 3D 打印创新体系，培育出若干具有较强研发和应用能力的增材制造企业，并在全国建成一批研发及产业化示范基地等。目前初步拟定的重点发展方向放在金属材料、非金属材料、医用材料等的 3D 打印制造以及装备关键零部件的快速制造上。随着《国家增材制造发展推进计划》等系列规划的出台，相信我国 3D 打印产业将迎来新一轮的增长热潮。

快速成型技术是集 CAD/CAM 技术、激光技术、计算机数控技术、精密伺服驱动技术以及新材料技术等为一体，由 CAD 模型直接驱动的快速制造出任意复杂形状三维物理实体的技术总称。不同类型的快速成型系统因所用成型材料不同，其成型原理和系统特点也各不相同，但其基本原理大致相同，都是采用分层制造、逐层叠加的制作工艺。

本书对当今快速成型技术与应用进行了系统、全面的介绍，详细介绍了目前常用的快速成型技术、材料及设备、数据处理及关键技术、应用及发展趋势等内容。本书的显著特点是实践内容较为丰富、条理清晰、图文并茂，可作为高等院校机械类和材料加工类专业以及相关职业技术院校的教材和参考书，也可作为制造业新技术培训教材及从事快速成型技术研究工作人员的参考书。全书共分七章：

第一章概论，介绍快速成型技术的概念、基本原理、工作过程以及其应用现状和发展趋势。

第二章几种典型的快速成型技术，介绍常用的几种快速成型（SLA、SLS、FDM、LOM、3DP）技术，以及快速成型技术的比较及选用原则。

第三章快速成型材料及设备，介绍 SLA、SLS、FDM、LOM、3DP 等快速成型技术用的成型材料、设备以及快速成型材料的发展方向。

第四章快速成型技术前期的 3D 建模技术，介绍 3D 建模软件的种类、特点与比较以及选用原则。

第五章快速成型技术数据处理及关键技术，介绍快速成型技术前期的数据预处理、快速成型技术中期的数据处理以及应用实例。

第六章快速成型技术的精度，介绍快速成型技术前期、中期处理精度以及快速成型制件的后处理及表面精度。

第七章快速成型技术的应用及发展趋势，介绍产品快速设计与制造系统的集成，逆向工程、快速成型与快速模具系统的集成以及快速成型技术的发展趋势。

编者查阅了大量的国内外制造业领域的文献与技术资料，并结合自己的丰富的实践经验及科研成果，总结出本书的技术内容，方便广大读者在进行相关领域的学习和研究时借鉴与参考；同时书中还附有产品设计制作模型图，以供读者参考。

编　者

目　　录

前言

第一章　概论 ……………………………………………………… 1

内容提要 …………………………………………………………… 1

第一节　快速成型技术的发展 …………………………………… 1

第二节　快速成型技术的市场及研究领域 ……………………… 8

第三节　快速成型技术的用途 …………………………………… 11

本章小结 …………………………………………………………… 18

复习思考题 ………………………………………………………… 18

第二章　几种典型的快速成型技术 ……………………………… 19

内容提要 …………………………………………………………… 19

第一节　快速成型技术的分类 …………………………………… 19

第二节　光固化成型（SLA）技术 ……………………………… 27

第三节　选择性激光烧结（SLS）成型技术 …………………… 38

第四节　熔丝堆积（FDM）成型技术 ………………………… 48

第五节　分层实体制造（LOM）技术 ………………………… 59

第六节　三维打印（3DP）成型技术 ………………………… 70

第七节　其他典型快速成型技术 ………………………………… 79

第八节　快速成型技术的比较及选用原则 ……………………… 88

本章小结 …………………………………………………………… 93

复习思考题 ………………………………………………………… 93

第三章　快速成型材料及设备 …………………………………… 95

内容提要 …………………………………………………………… 95

第一节　光固化成型（SLA）材料及设备 ……………………… 98

第二节　选择性激光烧结（SLS）成型材料及设备 ………… 105

第三节　熔丝堆积（FDM）成型材料及设备 ………………… 111

第四节　分层实体制造（LOM）成型材料及设备 …………… 117

第五节　三维打印（3DP）成型材料及设备 ………………… 122

第六节　快速成型材料的发展方向 …………………………… 125

本章小结 ………………………………………………………… 130

复习思考题 ……………………………………………………… 131

第四章　快速成型技术前期的 3D 建模技术 ………………… 132

内容提要 ·· 132

第一节　3D 建模软件的种类 ·· 132

第二节　3D 建模软件的特点与比较 ·· 139

第三节　3D 建模软件的选用原则 ··· 140

本章小结 ·· 142

复习思考题 ··· 143

第五章　快速成型技术的数据处理及关键技术 ···························· 144

内容提要 ·· 144

第一节　快速成型技术前期的数据预处理 ································· 144

第二节　快速成型技术中期的数据处理 ···································· 157

第三节　应用实例 ·· 162

本章小结 ·· 167

复习思考题 ··· 167

第六章　快速成型技术的精度 ··· 168

内容提要 ·· 168

第一节　快速成型技术前期处理精度 ······································· 168

第二节　快速成型技术中期处理精度 ······································· 177

第三节　快速成型制件的后处理及表面精度 ······························ 185

本章小结 ·· 195

复习思考题 ··· 195

第七章　快速成型技术的应用及发展趋势 ··································· 196

内容提要 ·· 196

第一节　产品快速设计与制造系统的集成 ································· 196

第二节　逆向工程、快速成型与快速模具系统的集成 ················ 201

第三节　快速成型技术的发展趋势 ··· 212

本章小结 ·· 218

复习思考题 ··· 218

参考文献 ·· 219

第一章 概　　论

内容提要

本章主要简述了快速成型（Rapid Prototyping，RP）技术的基本概念、基本原理、加工制造过程，以及当今的应用现状和发展趋势。由于 RP 技术是基于一种离散后又进行堆积的快速成型思想，即将复杂产品的三维加工首先离散成许多具有相同层厚的二维层片，然后再进行逐点、逐线进而逐面的材料堆积成型，因此又称为增材制造（Additive Manufacturing，AM）技术。

快速成型技术之所以又被称为增材制造技术，是将之相对于传统的材料去除加工工艺（如传统的车、钳、铣、刨、磨等机械加工工艺，以及锻造、铸造等材料塑性变形制造工艺）而言的。在 RP 成型过程中，不采用传统机械加工的夹具和模具，其成型过程的难度与待成型产品的外观结构无关。目前，RP 技术与数控加工、铸锻造、金属的冷喷涂以及模具制造等手段相结合，成为当今世界上新产品快速加工与制造的强有力手段之一。随着 RP 技术不断被深入研发，其外延技术在飞速扩展，目前已在轻工、航空航天、汽车、医学、生物及家电等多领域得到了广泛的应用。

第一节　快速成型技术的发展

随着计算机技术的飞速发展，计算机与相关技术的广泛应用极大地改变了新产品设计的技术手段、程序与方法。同时，设计师的设计观念和思维方式也有了一定的转变，以计算机技术为代表的高新技术开辟了产品设计的崭新领域。实践证明，先进的制造技术必须与优秀的设计结合起来，才能使高新技术真正服务于人类，而工业产品设计对推动高新技术的飞速发展起到了不可估量的作用。

工业产品设计不同于其他设计，它是对三维的、物质实体性的设计，在展开设计的不同阶段，设计师的大胆创意只靠效果图是检验不出其实体的体量关系的，只有辅以各种立体的三维实体模型，才能针对设计方案进行较直观的检测和修改。现在，我们运用 RP 技术替代传统的、手工模型的制作，能够更加精确、快速、直观并且完整地传递出产品的三维信息，建立起一种并行结构的设计系统，更好地将设计、工程分析与制造等三方面集成，使不同专业的人员能及时反馈信息，从而缩短产品的开发周期，最终保证产品设计与制造的高质量。

当前，市场环境发生了巨大变化，用户可以在世界范围内选择自己所需要的产品，因而对产品的品种、价格、质量及服务提出了更高的要求。一方面，消费者的需求也在趋于主体化、个性化和多样化；另一方面，产品设计师与制造商们都着眼于全球市场的激烈竞争。面对当前市场的激烈竞争，企业不但要迅速设计出符合消费者要求的产品，而且还必须要将它们在最短的时间内设计、加工与制造出来，从而尽快抢占市场。因此，能否快速地响应及满足市场的需求，已成为当今制造业发展的必由之路。

RP 技术就是在这种社会背景下逐步形成并得以迅速发展的。它能快速、自动地将设计者借助三维实体建模软件设计出的模型，物化为具有一定结构与功能的三维实体模型或直接加工制造成功能制件，从而可以对所设计的产品进行快速评价、修改与再设计，即能在较短的时间内设计与研制出符合设计者与用户需求的新产品。这将大大缩短新产品的研发周期，降低产品的研发成本，在一定程度上最大限度地避免了产品研发失败的风险，从而提高企业的竞争力。

一、快速成型技术的发展历程

从材料的加工制造史上可以看出，很早以前就有"材料叠加成型"的加工制造设想。1892 年，J. E. Blanther 的美国专利（#473901）中，建议用分层制造法加工地形图。这种方法的基本原理是，将地形图的轮廓线压印在一系列的蜡片上，接着按轮廓线切割蜡片，将其粘结在一起，然后将每一层面熨平，从而得到最终的三维地形图。1902 年，Carlo Baese 的美国专利（#774549）中，提出了用光固化聚合物加工制造出塑料件的原理，这是第一种现代快速成型技术——立体平板印刷术（Stereo Lithography）的初步设想。20 世纪 50 年代后，世界上先后涌现出了几百个有关快速成型技术的专利，其中 1976 年 Paul L Dimatteo 的美国专利（#3932923）中，明确地提出了先用轮廓跟踪器将三维实体转化成 n 个二维轮廓薄片，然后将这些薄片用激光切割成型，最后用螺钉、销钉等将一系列薄片连接形成三维实体，如图 1-1 所示。以上这些设想都与现代的 RP 技术原理基本相似。

虽然早期的专利提出了一些快速成型的基本原理，但还不太完善，而且也没有实现快速成型机械及其使用原材料的商品化。20 世纪 80 年代末，RP 技术有了根本性的发展，1986～1998 年，仅在美国注册的专利就约有 24 个。首先是 Charles W Hull，1986 年在他的美国专利（#4575330）中，提出了用激光束照射液态光固化树脂，进行分层制作三维实体的快速成型机的方案。1988 年，美国 3D System 公司据此专利生产出了第一台快速成型设备 SLA-250（液态光固化树脂固化成型设备）。在此后的 10 多年，快速成型技术开始迅速发展，涌现出了多种形式的快速成型技术与相应设备，如薄形材料选择性切割（LOM）、熔丝堆积（FDM）和粉末材料选择性烧结（SLS）等，并且在工业、医疗及其他领域得到了广泛的应用。目前，全世界已拥有快速成型设备 12000 多台，快速成型设备的制造公司大约有上百个，用快速成型设备进行对外服务的机构也有约上千个。

由于 20 世纪 80 年代 RP 技术的飞速发展，美国材料与实验协会（American Society for Texting and Materials，ASTM）国际标准组织 F42 增材制造技术委员会定义 RP 技术为增材制造技术。该技术是将工程师所设计的复杂三维数据模型，通过采

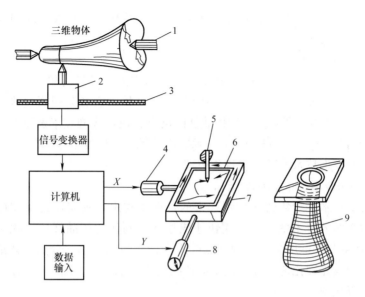

图 1-1　Paul 的分层形成法

1—顶针　2—轮廓跟踪器　3—导轨　4、8—伺服电动机　5—激光束　6—工件
7—工作台　9—二维轮廓薄片

用切片的处理方式，将之转换成 n 个二维截面的组合，然后在计算机控制的增材设备制造机器，即快速成型设备上按顺序层层叠加并粘结这 n 个二维截面，最终堆积成所设计的三维实体模型。

二、快速成型技术在国内的发展状况

近年来，国内的快速成型技术与水平有了质的飞跃，主要以西安交通大学、清华大学为代表。国内各种快速成型技术的研发、设备的生产以及 RP 技术与市场、应用与服务等方面都取得了很大进展。

（一）技术方面

在国际上发展起来的 RP 技术，如 SLA、LOM、FDM、SLS 等，在国内基本上都有单位进行了成功的开发，而且大多数关键部件都实现了国产化。例如，FDM 设备中的喷头结构，LOM 设备中的激光器等，设备的稳定性、可靠性和造型精度及质量都有了显著的提高，成型材料的开发与性能也在不断进步。此外，许多高校和研究机构还创新地开展了 RP 新技术、新设备的研究，其中清华大学在快速成型技术方面投入的精力最大，最近开发出的低温冰型快速制造工艺和无模砂型制造工艺大大拓宽了 RP 领域，其技术在世界上处于领先地位。

（二）市场方面

近年来，国内 RP 市场已从起步阶段逐步走向发展阶段，快速成型技术已经逐渐成为一种通用的产品快速加工与制造的方法。目前，许多企业已有应用 RP 技术的设想或方案，应用行业主要集中在工业产品的样件制作领域，如家电、模具、玩具、汽车等新产品，新工艺品的开发与包装，以及外观要求较高的零部件或元器件的快速加工与制作。

（三）技术服务方面

目前，国内大部分企业购买 RP 设备的能力有限，可是对单个小批量的 RP 原形件的需求量又很大。在这种需求的刺激下，RP 技术服务公司通过购买国外成熟的 RP 设备，将其用于开展三维实体数据的反求、快速成型技术及制造等服务，扩大了 RP 技术的宣传面，同时在 RP 技术应用的深度和广度上也都起到了促进作用。

三、快速成型技术的基本流程与原理

（一）快速成型技术的基本流程

快速成型技术是近年快速发展起来的、直接利用三维实体造型软件快速生成模型或零件实体的技术的总称。用快速成型技术制作的产品样机或模型，俗称为 RP 手板。其主要是运用激光切割叠加或激光粉末烧结技术、分层实体造型、熔融挤压实体造型或光固化造型等方式生成产品的模型或样件。图 1-2 所示为快速成型技术的基本流程图。

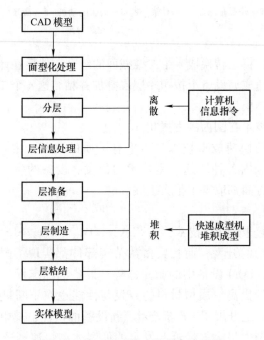

图 1-2　快速成型技术的基本流程图

（二）快速成型技术的基本原理

RP 技术是集 CAD 技术、数控技术、材料科学、机械工程、电子技术和激光等技术于一体的综合技术，是实现零件或产品设计从二维到三维实体快速制造的一体化系统技术。RP 技术有多种快速成型的工艺方法，目前较为成熟并广泛采用的有光固化成型工艺、选择性激光烧结成型工艺、熔丝堆积成型工艺、分层实体成型工艺、三维打印成型工艺等。

RP技术的基本原理是：首先设计出所需产品或零件的计算机三维数据模型；然后根据RP技术的工艺要求，按照一定的方式将该模型离散为一系列有序的二维单元，通常在Z向将其按一定厚度进行离散（也称为分层），即将原来的三维CAD模型变成一系列的二维层片；再根据每个层片的轮廓信息，输入加工参数，自动生成数控代码；由成型系统将一系列二维层片自动成型的同时进行相互粘结，最终得到所需的三维物理实体模型或功能制件。图1-3所示为RP技术的基本原理示意图。

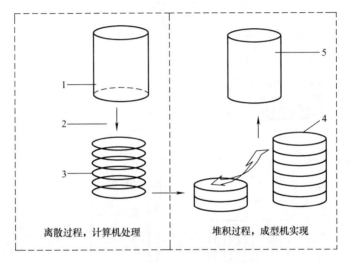

图1-3　RP技术的基本原理示意图
1—CAD实体模型　2—Z轴向分层　3—CAD模型分层数据文件
4—层层堆积、加工　5—后处理

目前PR系统的成型工艺原理大致相似，一般工艺过程基本都包含以下几个方面：

1. 产品三维数字模型的构建　可以利用CAD软件直接进行三维数据模型的构建，也可以将已有的二维图形转换成3D模型；或利用逆向工程原理，对产品实体进行三维反求，得到三维的点云数据，然后借助相关软件对其进行修改及再设计，构造出所需的3D模型。

2. 三角网格的近似处理　构成产品的表面往往有一些不规则的自由曲面，加工前要对模型进行近似处理，将3D数据转换为快速成型技术接受的数据，即三角网格面片资料。

3. 三维模型的切片处理　根据需要选择合适的加工方向，在成型高度方向上用一系列一定间隔的平面切割近似处理后的三角网格模型，提取出一系列二维截面的轮廓信息。

4. RP 成型件的加工与制造 根据二维切片轮廓信息，在 PR 系统中成型头按照各截面的轮廓信息做二维扫描运动，同时工作台做纵向移动，从而在工作台上一层层地堆积材料，然后将各层粘结，最终得到产品原型。

5. RP 成型件的后处理 对成型件进行打磨、抛光、涂挂等后处理，或放在高温炉中进行后烧结，进一步提高其强度。

根据 RP 基本原理，产品或零件快速成型的全过程可以用图 1-4 表示。

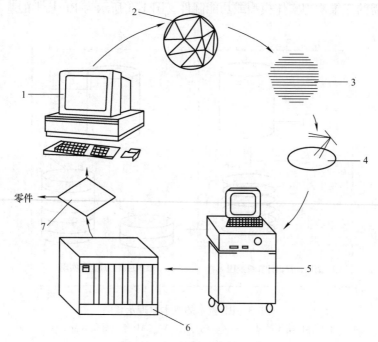

图 1-4 产品快速成型的全过程

1—三维 CAD 建模 2—三角网格化 3—分层处理 4—生成加工路径 5—RP 系统
6—原型制件后处理 7—最终的原型制件

(三) RP 技术与传统加工方法的比较

根据现代成型学的观点，物体的主要成型方式可分为以下两大类：

1. 去除成型（Removal Forming） 运用分离的方法，把一部分材料有序地从基体上分离出去的成型方法。传统的机械加工方法，如车、铣、刨、磨、钻、电火花加工和激光线切割等都属于去除成型，去除成型是传统的产品加工方法。

2. 添加成型（Adding Forming） 又称堆积成型，它是利用机械、物理、化学等方式通过按照一定轨迹有序地进行添加材料的方法，最终将所需的产品堆积成型。

快速成型技术属于添加成型，即增材制造成型，它在成型工艺上突破了传统的成型方法，通过快速自动的成型系统与计算机三维数据模型有机地结合，无需任何附加的模具或机械加工，就能够快速制造出各种形状复杂的原型或零件，可以使生产周期大大缩短，生产成本大幅度降低。目前，它是一种非常有前景的新型快速制造技术。表1-1列出了两种主要成型方式的比较。

表1-1 两种主要成型方式的比较

项 目	传统机床加工	RP加工
制造零件的复杂程度	受刀具或模具的限制，无法制造太复杂的曲面或异形深孔等	可制造任意复杂（曲面）形状的零件
材料利用率	产生切屑，利用率低	利用率高，材料基本无浪费
加工方法	去除成型，切削加工	添加成型，逐层加工
加工对象	个体（金属树脂片、木片等）	液体、图像、粉末、纸、其他
工具	切削工具	光束、热束

此外，与传统材料加工技术相比，RP技术还具有以下鲜明的特点：

（1）数字化制造，直接CAD模型驱动，如同使用打印机一样方便快捷。

（2）高度柔性和适应性。可以制造任意复杂形状的零件。

（3）快速。从CAD设计到零件加工完毕，只需几十分钟至几小时（若物体较大时）。

（4）材料类型丰富多样且利用率高。材料包括树脂、纸、工程蜡、工程塑料（ABS等）、陶瓷粉、金属粉、砂等。由于其加工概念的新颖性，累加加工工艺决定了其材料利用率几乎达到100%。

（5）产品的单价基本与复杂程度无关。图1-5a所示为产品单价与复杂程度的关系，图1-5b所示为产品单价与制造数量的关系。

（6）应用领域广泛。可在航空、机械、家电、建筑、医疗等各个领域应用。

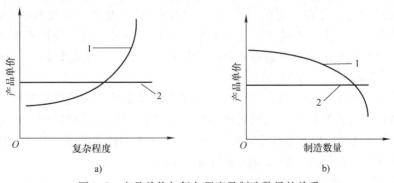

a) b)

图1-5 产品单价与复杂程度及制造数量的关系

a）产品单价与复杂程度的关系 b）产品单价与制造数量的关系

1—传统方法 2—RP

第二节　快速成型技术的市场及研究领域

RP技术之所以能够适合当今新产品研发的各种新要求，主要是因为它具有以下显著特点：

1. 快速性　由于RP技术不必采用传统的加工机床和模具，只需传统加工方法的30%左右的工时和35%左右的成本，就能直接、快速地制造出产品或模型，从而大大缩短了新产品的研发周期。因此，RP技术非常适用于新产品的研发与管理。

2. 设计与制造的一体化　在传统的产品研发过程中，设计与制造是分开进行的，因此常常会出现在制造中发现设计有问题，就必须重新开始设计的情况。在RP中，由于采用离散与堆积的加工工艺，使得CAD和CAM能够很好地结合，因此可以节省工时和研发费用。

3. 自由成型制造　在制造过程中不需要专用工具，只是根据零件的形状进行快速制造，大大缩短了新产品的研发与试制时间。与此同时，由于RP技术是采用先离散，然后分层制造，因此可以不用考虑零件的复杂程度，就能将复杂的三维制造简化为二维叠加成型。

4. 材料的广泛性　RP技术所用材料相当广泛，如光固化树脂材料，SLA使用涂有热熔胶的纸，SLS使用金属或非金属粉末材料，FDM使用ABS、石蜡和塑料等材料，可根据用户的需求选择合适的RP设备与相应的材料。

5. 技术的高度集成　RP技术是计算机、三维软件数据、激光和全新材料技术的综合集成，只有在计算机技术、数控技术、激光技术和材料技术高度发展的今天才能得以发展的一项高新技术，因此具有鲜明的当今时代特征。

一、应用RP技术开发新产品的市场

概括起来，应用RP技术开发新产品主要有以下几点优势：

1. 可按用户要求快速地进行产品外形设计　在Pro/E等三维软件环境下设计产品与用户的交流存在一定的局限性。一方面，顾客对产品并没有完全的把握，需要制造出一个实实在在的实体模型来进行评价；另一方面，设计者也需要一个三维的实体模型来使消费者进行新产品的体验。因此，一个很好的办法就是采用RP技术快速制造出所需的实体模型。

2. 便于产品进行功能测试和评价　虽然产品各零件之间的装配问题可在专用分析软件中进行，但是仍不能满足产品的功能验证和设计评审需要。因此，需要用RP技术快速制造出产品各零部件，然后将这些零部件装配成产品或样机进行功能测试和评价，这样可以最大限度地提高设计质量。

3. 将设计与装配等方面出现的问题消灭在开模之前　通过对产品和样机进行验证，能及时发现设计与装配当中的问题，并进行改进设计，因此可将所有问题解决在产品或样机的模具制造之前。

4. 缩短产品的研制开发周期　RP 技术的应用使得设计与制造融为一体，因此设计方案能在很短的时间内变成实物，便于尽快验证、定型和得到用户的认可。

5. 大大提高新产品研发的一次成功率，从而降低研发成本　在短时间内可对设计进行反复多次修改、核实以及优化。

6. 降低产品复杂程度对制造的限制　由于 RP 技术是属于离散与分层制造，因此可将产品制造过程分解为简单的二维制造，而不受产品复杂内部结构的限制，从而降低了制造的难度，并解决了制造精度的问题。

应用 RP 技术开发新产品的市场，能够缩短产品的开发周期，降低开发成本，提高制造精度。因此，RP 技术能够完全适合市场变化并满足对新产品开发提出的各种要求，具有很大的实用价值。

二、RP 技术的其他研究领域

1. 快速模具（Rapid Tooling，RT）制作　在模具制造业，可以利用 RP 技术制得快速原型，再结合硅胶模、金属冷喷涂、精密铸造、电铸、离心铸造等方法生产出模具。快速成型件也可以直接或间接制得 EDM 电极，用于电火花加工生产模具。此外，RP 技术制得的快速原型也可以直接作为模具。

2. 医学应用是 RP 技术很重要的一个应用方向　除了应用于医疗器械的设计开发外，RP 技术已经运用于人体器官（如骨骼、心脏等）、种植体（如人工关节等）的原型制作。目前，RP 技术应用于医疗领域，使得医学水平和医疗手段不断提高。以数字影像技术为特征的临床诊断发展迅速，如利用 CT、磁共振成像 MRI、三维 B 超等技术对人体局部扫描可获得截面图像，再通过对器官进行计算机的三维建模，然后将这些数据传输到 RP 系统用以建造实体器官模型并进行科学研究，便能实现不通过开刀就可观看病人骨结构、种植体等。目前，国内外很多专科（如颅外科、骨外科、神经外科、口腔外科、整形外科和头颈外科等）都已经开始应用 RP 技术，帮助外科医生进行教学、诊断、手术规划等工作。

三、RP 技术的特点和使用范围

（1）极适用于形状复杂、具有不规则曲面零件的加工，零件的复杂程度与制造成本无关。

（2）能减少对熟练技术工人的需求。

（3）几乎无废弃材料，是一种环保型制造技术。

（4）成功地解决了计算机辅助设计中三维造型的实体化。

（5）系统柔性高，只需要修改三维 CAD 模型，就可快速制造出各种不同形状的零件。

（6）技术与制造集成，设计与制造一体化。

（7）不需要专用的工装夹具、模具，大大缩短了新产品的开发时间。

以上特点决定了 RP 技术主要适用于新产品开发，快速单件及小批量零件或产品的制造，具有复杂曲面形状的零件制造，模具设计与制造，也适用于难加工材料的制造、外形设计与检验、装配检验、订货等环节。

四、RP 技术的研究现状

RP 技术从产生到现在，发展十分迅速。与过去相比，RP 技术在制造能力方面有了很大的变化和提高，应用领域逐步扩展。随着 RP 技术的迅速发展，世界上研究 RP 技术的机构也越来越多，目前在互联网上有数百家。近年来，有关 RP 方面的书籍、杂志及国际会议层出不穷，有关 RP 方面的学术刊物也较多，如《快速成型制造》、《快速成型制造报告》以及《虚拟原型制造杂志》等。有关 RP 技术的相关学术会议有国际快速成型与制造会议、全美快速成型制造会议、欧洲快速成型与制造技术会议、国际制造过程自动化会议等。

目前，在 RP 技术技术领域，美国的 RP 技术一直处于领先地位，各种工艺大多在美国最先出现，其研究、开发的工艺种类也最多。例如，美国 3D System 公司采用的将金属粉末和粘结剂混合后的粉末烧结技术；Sanders Protoype 公司采用的基于热熔金属喷射技术的 Pattern Master 是制作速度最快的 RP 设备之一；此外，美国 Helisys 公司研制的叠层实体制造设备在国际市场上同类产品中所占的比重也是最大的。美国研究 RP 模型材料的高校主要有 Dayton 大学、Michigan 大学、Virginia 技术大学等。此外，Virginia 大学、Clemson 大学、Georgia 大学快速成型与制造中心等也从事 RP 技术的研究、开发与服务方面的工作。从事 RP 设备系统方面开发研究的美国高校主要有麻省理工大学、Stanford 大学等。

日本在 RP 技术上的研究仅次于美国，如日本 AUTOSTRADE 公司研发出采用 680nm 左右波长半导体激光器为光源的 RP 系统，日本大阪大学国立先进工业科学与技术研究所采用 SLM 工艺制造出 Ti 人骨，日本 Riken Institute 于 2000 年研制出基于喷墨打印技术的、能制作出彩色原型件的 RP 设备。

欧洲也有许多研究机构和厂家开展了多种 RP 技术的研究，如德国 EOS 公司采用的将多种不同熔点的金属粉末混合烧结技术，芬兰 Helsinki 技术大学、德国 Fraunhofer 研究所、德国 MCP 公司、英国 Notingham 大学、荷兰 Delft 技术大学等都开展了相关的研究与开发工作。

在国内，RP 技术研究开始于 20 世纪 90 年代，清华大学、西安交通大学、华中科技大学、北京航空工艺研究所等在 RP 成型理论与设备的研究方面都具有一定的、成熟的研究成果。

需要强调的是，2008 年英国 RepRap 开源桌面级 3D 打印机的发布，导致近几年如 MakeBot 类型的大批廉价桌面型打印机快速研发与普及应用，使得原来只用于工业制造领域的 3D 打印机现在也可应用于日常办公，甚至家庭。相信不远的将来，它将成为办公设备中不可缺少的组成部分。

第三节　快速成型技术的用途

由前面叙述得知，RP 技术与传统材料加工技术有本质的区别。它具有以下鲜明的特点：高柔性的数字化制造、技术的高度集成、快速性、所用的材料类型丰富多样，包括树脂、纸、工程蜡、工程塑料（ABS 等）、陶瓷粉、金属粉、砂等，可以在航空、机械、家电、建筑、医疗等各个领域应用。此外，RP 技术是逐层堆积成型的，因此它有可能在成型的过程中改变成型材料的组分，制造出具有材料梯度的模型产品，这点是其他传统工艺难以做到的，所以也是 RP 技术与传统工艺相比具有的很大优势之一。

一、快速成型技术的作用

当前，RP 技术与快速模具制造技术的出现引起了制造业领域里的一场革命，它不需要借助任何专门的辅助工夹具，就能够直接将三维 CAD 模型快速地加工制造成为三维实体模型，而产品造价几乎与其外观复杂程度无关。它特别适用于复杂结构零件的快速制造，并且制造柔性极高，随着各种 RP 技术的进一步发展，零件精度也不断提高。随着 RP 成型材料种类的增加以及材料性能的不断改进，RP 技术的应用领域也在不断扩大，用途也越来越广泛，目前其主要用途可以概括为以下几方面：

（一）使三维设计原形实物化

为提高产品的设计质量，缩短产品的试制周期，RP 技术可在数小时或 1～2 天内就可将设计人员的三维 CAD 模型直接加工成实体模型样品，从而使设计者、制造者、销售人员和用户都能在很短的时间内对新研发的产品做出评价与修改。

（二）设计者方面

在传统的设计与加工过程中，由于设计者自身的能力有限，不可能在短时间内仅凭产品的使用要求就能把产品各方面的问题都考虑周全并使其结果最优化。虽然在现代制造技术领域中提出了并行工程的方法，即以小组协同工作为基础，通过网络共享数据等信息资源同步考虑产品设计和制造的有关上下游问题，以实现并行设计，但仍然存在着设计与制造周期长、效率低等问题。

借助 RP 技术，设计者可以在设计的最初阶段就能拿到产品的实物样件，并可在不同阶段快速地修改和再设计，也可以制作出模具和少量的产品以供试验与测试，使设计者在短时间内得到优化结果。因此，RP 技术是目前真正能实现并行设计的强有力手段。

（三）制造者方面

制造者在产品制造工艺设计的最初阶段，可通过实物样件快速制作出模具及少量的产品，以便及早地对该产品的工艺设计提出意见和建议，同时做好原材料、标准件、外协加工件、加工工艺和批量生产用模具等准备工作。这样可以减少失误和返工的次数，节省工时，降低成本和提高产品质量。因此，RP 技术可以实现基于并行工程的快速生产准备。

（四）推销者方面

推销者在产品的最初阶段能借助于这种实物样品，及早并真实地向用户宣传，征求意见，以便准确、快速地预测出市场需求。因此，RP 技术的应用可以显著地降低新产品的销售风险和成本，大大缩短其投放市场的时间并提高竞争力。

（五）用户方面

用户在产品设计的最初阶段就能见到产品的实物样件，使得他们能及早且全面地认识该产品，进行必要的测试并及时反馈意见。因此，RP 技术可以在尽可能短的时间内，以最合理的价格得到外观、性能等符合要求的新产品。

（六）产品的性能测试方面

随着 RP 新型材料的开发，RP 系统所制造的产品零件的原型已具备较好的力学性能，可用于传热及流体力学等试验。而用某些特殊光固化材料制作的模型还具有光弹的特性，它可用于零件受载荷下的应力应变分析。例如，克莱斯勒汽车公司对利用 RP 制作的车体原型进行高速风洞流体动力学试验，仅此项内容就节省开发成本约 70%。又如，1997 年美国通用汽车公司推出的某一车型，直接使用 RP 制作的模型进行车内空调系统、冷却循环系统及加热取暖等系统的传热学试验，此项研究与以往的同类试验相比，节省花费约 40%。

（七）投标手段方面

RP 原型已成为国外某些制造商家争夺订单的重要手段。例如，位于美国 Detroit 的一家制造公司，由于装备了两台不同型号的 RP 设备及采用快速精铸技术，只在接到 Ford 公司标书后的 4 个工作日内便生产出了第一个功能样件，因而使其在众多的竞争者中中标得到了一个合同，即年总产值达 3000 万美元的发动机缸盖精铸件合同。

（八）快速制造模具方面

模具的设计与制造过程是一个多环节的复杂过程。由于在实际制造和检测之前，很难保证产品在成型过程的每一个阶段的性能都符合要求，所以长期以来模具设计都是凭经验或是使用传统 CAD 进行的。因此，要设计和制造一副合适的模具往往需要经过设计、制造、试模和修模的多次反复，有时还不可避免地导致模具的报废。快速模具是在 RP 技术的基础上发展起来的一种新型模具制造技术，借助此项技术可以大大减少模具的生产成本和制造周期。

基于 RE/CAD/CAE/RP 的快速模具制造技术已成为当前模具制造业的热点，并被广泛地研究和推广应用。该技术曾被美国汽车工程杂志评为全球 15 项重大技术之首，已受到全球制造业的广泛关注。其中，RE（Reverse Engineering）为逆向工程。RP 技术在模具制造方面的应用可分为直接制模和间接制模。

以 RP 技术制作的实体模型可用于制作模芯或模套，同时结合精铸、粉末烧结或石墨研磨等技术，可以快速制造出所需产品的功能模具或设备，其制造周期为传统加工方法的 1/10 ~ 1/5，而成本却仅为其传统加工方法的 1/5 ~ 1/3。实践证明，模具的几何复杂程度越高，RP 所带来的效益就越显著。

模具的开发已成为制约新产品开发的瓶颈，要缩短新产品的开发周期和降低开发成本，首先必须缩短模具的开发周期和降低模具的成本。而快速模具制造对新产品的开发、试制和生产有着十分重要的作用，是制造业重点推广的一种先进技术。

总之，快速原型技术不仅制造原理与传统方法截然不同，重要的是 RP 技术可以缩短产品的研发周期，降低开发成本，从而提高企业的竞争力。随着快速原型制造产品的推广与普及，该项技术将成为 21 世纪的重要组成部分。

二、快速成型技术的应用

快速成型技术自 20 世纪 80 年代问世以来，由于其本身具有的技术特点，在汽车、航天、家电、模具等多个行业获得了日益广泛的应用。目前，全世界有 300 多家快速成型服务机构、20 多家设备制造商。国内该领域的研究也飞速发展，如清华大学、西安交通大学、南京航空航天大学和华中科技大学等从 20 世纪 90 年代初即开始了快速原型及相关技术的研究、开发、推广和应用。

（一）在工业设计新产品研发中的广泛应用

目前快速成型技术的一个重要应用是产品创新开发，尤其是在工业设计新产品研发中的应用。它不受复杂形状的任何限制，可迅速地将计算机设计出的三维原型转化成为可进一步评估的实物；我们可根据原型对设计的正确性、造型的合理性、可装配性和干涉情况等进行具体的检验和核查，尤其是对一些形状较复杂而贵重的零件，通过采用快速成型技术就可对原型进行检验，从而降低了开发成本和风险。通常情况下，采用快速成型技术可减少产品开发成本的 30% ~ 70%，减少开发时间 50% 以上。

（二）概念模型的可视化应用

由于快速成型技术能够迅速地将设计者的设计思想变成三维实体模型，因此不仅能节省大量的时间和精力，而且能准确地体现设计者的设计理念，为产品评审等决策工作提供直接、准确的模型依据，从而尽量减少决策工作中的不正确因素。

传统的外形评估方法是采用手绘的效果图及油泥模型，而现代设计则是越来越多地采用计算机软件设计出产品的三维 CAD 模型，然后借助快速成型技术将产品的外观直接表现出来。现在设计者可以通过模型外观感受或局部功能的合理分析与应用，以评价设计的正确性并加以改进。新产品的开发总是从外观设计开始的，外形是否美观与实用往往决定了该产品是否能够被市场快速地接受。很多产品，尤其是家电、汽车等对外形的美观和新颖性要求极高，产品的外观已成为影响产品市场竞争力的一个关键因素。

（三）开发新产品的快速评价应用

借助 RP 技术制作出的产品模型或样件，能够使用户非常直观地了解和接触尚未投入批量生产的产品外观及其性能，并及时做出评价。这样能使厂方根据用户的意见和评价及时地改进产品外观及性能，并为今后的销售创造有利条件，同时也可避免由于盲目生产可能造成的巨大损失。

与此同时，在工程投标中，投标方可以直观、全面地提供对产品的评价依据，使设计更加完善和符合用户需求，从而为中标创造有利条件。图 1-6 所示为护肤品瓶子的 RP 样件，图 1-7 所示为一女士鞋底的 RP 样件，将它们放在样品的参展会中，可以让厂商更直观地对产品做出评价。

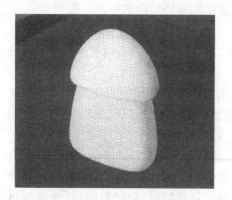 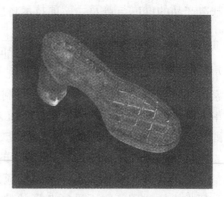

图 1-6　护肤品瓶子的 RP 样件　　　　　图 1-7　鞋底的 RP 样件

（四）装配校验

对一些大型、复杂的仪器设备系统应进行装配检验及校验。而 RP 原型样件可以用于装配模拟，使我们可以观察到各工件之间如何配合以及如何相互影响。因此，在新产品投产之前，先用 RP 技术制作出零件原型，然后进行试安装，有助于验证设计的合理性，及时发现安装工艺与装配中出现的问题，以便快速、方便地纠正设计中出现的问题。

图 1-8 所示为一吸尘器的外壳 RP 样件，图 1-9 所示为一棘轮棘爪的 RP 样件。通过 RP 样件的模拟装配，可以一次性成功地完成该项设计。

图 1-8　吸尘器的外壳 RP 样件

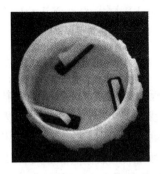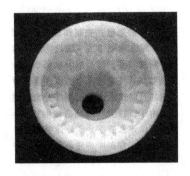

图 1-9　棘轮棘爪的 RP 样件

（五）产品性能和功能测试

应用 RP 技术制作出的样品或模型，不仅可以进行产品外观的设计评价和结构校验，而且还能直接进行产品相关性能和功能参数的试验，如流动及应力分析、流体和空气动力学分析等。因此，采用 RP 技术能快速地将模型制造出来并进行产品的功能测试，以判断其是否满足设计者和用户的需求，从而进一步进行产品的优化设计和新产品的研发工作。

例如，上海联泰科技有限公司借助 RP 技术为某一汽车股份有限公司新型前保险杠（见图 1-10）的设计进行了功能样件的试制，并用这批样件进行了其外观的验证、冲撞试验以及车辆路试等各项功能的检验。使用 RP 样件的方案共生产出 6 套前保险杠，样件的制造周期仅用了 40 天，费用约为 60 万元；而若采用传统的制造方法，则制造周期约为 6 个月，制作费用需要 500 万左右。

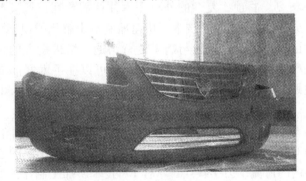

图 1-10　汽车前保险杠

（六）医学领域的广泛应用

目前，RP 技术已广泛应用于医学领域，并在应用的同时借助于计算机断层照相法（Computed Tomography，CT）及核磁共振（Nuclear Magnetic Resonance，NMR）等高分辨率检测技术。基于 CT 图像的快速成型方法是利用 CT 图像数据，重构出可直接用于 RP 制造的层片数据文件。在医学领域，利用 RP 技术对断层图像进行处理，可得到仿真的实物模型，这已成为 RP 技术的一个新的研究热点。其主要应用于人工假肢、人工活性骨的制作。

1. 设计和制作可植入假体　运用 RP 技术，种植体设计师们可以根据某一病人的 CT 数据来设计并制作出所需的种植体。

图 1-11 所示为某一骨骼种植体的制作过程。这种采用 RP 技术为特定病人解剖结构制作的种植体，能极大地减少种植体设计的出错率，还可为病人快速制定出具体的手术方案提供依据，同时也节省了麻醉时间，降低了整个手术的费用和术后并发症等。其具体的制作过程如下：将原始的 CT 数据转换成 STL 数据；利用 RP 技术制作缺损部位原型；采用硬质石膏、硅橡胶等材料进行翻模；制作熔模并进行熔模铸造，最终将其制作成假体。

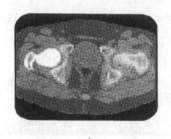 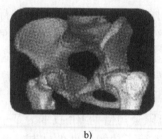 

a)　　　　　　　　　　b)　　　　　　　　　　c)

图 1-11　某一骨骼种植体的制作过程

a) 原始的 CT 数据　b) 3D 数值模型　c) RP 模型

2. 外科手术规划　目前，复杂的外科手术往往需要在三维模型上进行演练以确保较高的手术成功率。采用 RP 技术可快速地制造出解剖的模型。医生借助解剖模型及其关键的区域，可以有效地与病人进行沟通，增进病人的理解，还能对病人以前的手术经历一目了然。与此同时，医生还可以在手术之前借助三维模型进行手术步骤的规划。由此可见，解剖模型的制作在很多复杂手术中显得非常重要和必要。

此外，运用 RP 技术加工出的生物模型，也逐渐成为生物力学研究的有力工具。例如，应用 CT 或 MR 数据，再结合 RP 技术所加工制作出的心腔模型，可研究人体心腔体系内的血液动力学特点；结合 RP 技术所加工制作出的鼻腔模型，可用来研究鼻腔内的气流通过情况。

（七）艺术领域的应用

PR 技术可应用于工艺品及珍贵文物等的原型设计和复制，这为传统的工艺品的修复和仿制提供了一个全新的途径。首先，借助 CAD 软件和逆向工程技术，进行工艺品的三维实体的复原，并从各个角度进行编辑修改和再设计，赋予其材料，并进行恰当地渲染，以达到完美逼真的视觉效果，最后再利用 RP 技术得到所需的修复原型或仿制原型。

当前，古文物的复制是研究、继承和发扬我国文化遗产的重要手段。RP 制造技术为艺术家以三维实体的形式更细腻、形象、准确、生动地表达自己的思想情感提供了一种全新的现代技术手段，同时也为古文物及艺术品的复制和多样化提供了强有力的高新技术工具。

图 1-12a 所示为贝多芬头像的复制品，它首先借助三维测量设备，获得贝多芬头像外部的点云数据，如图 1-12b 所示，再经过三维点云的编辑与处理，曲面的构造与重构，获得三维 CAD 数据模型，然后借助 RP 技术，快速地制作出与原品几乎相同的复制品。

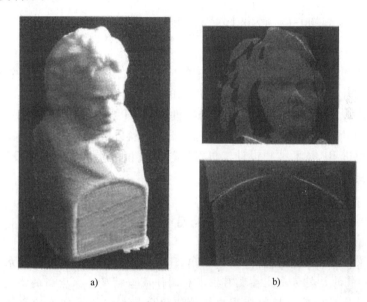

a)　　　　　　　　　　　　　　b)

图 1-12　艺术品头像的复制

a）头像的复制品　b）头像的三维点云数据

图 1-13 所示为西汉"骠骑将军"霍去病大型石雕之一《大汉十六品——卧牛》的真品及复制品。目前，历经两千余年流传至今的气魄雄伟、造型洗练的西汉石雕仅存二十余件，且其表面大都风化剥落，而保护真品并能展示该文化遗产的最佳途径，就是借助三维扫描与快速成型技术，即先借助三维扫描技术将石雕的三维数据资料进行扫描并永久存储，再借助快速成型工艺与技术进行三维实体的展示与再现，从而使得不可再现的文化遗产得以世代流传并发扬光大。

（八）RP 技术与工业设计发展的互动性

工业设计是一门新兴的技术、艺术与市场相结合的边缘学科，并由先进的技术推动向前发展。近年来，RP 技术的快速复制功能也推动工业设计向前迈进了一大步。在当今信息迅速发展的时代，工业设计在设计、产品样机制作、开模等方面已实现了计算机一体化。制造领域中的高新技术开辟了工业设计的崭新局面。

a)　　　　　　　　　　　　　　　　b)

图1-13　《大汉十六品——卧牛》的真品及复制品

a) 真品　b) 复制品

高精度、高效率的RP技术在工业设计中的应用极大地缩短了新产品的开发周期，降低了产品的开发成本，同时也提高了产品的设计质量。

另一方面，工业设计也因其自身的特性，对RP技术提出了新的、更高的要求，对目前的RP技术及设备的成型空间、成型材料以及软件的兼容性等也提出了新的要求。促进RP技术"再设计、再发展"的过程，就是实现工业设计与RP技术最终形成良性的、互动发展的过程。

本章小结

本章主要简述了快速成型技术的概念、工作过程以及其应用和发展历程。当今RP技术发展的总趋势是完善现有技术和制件成型精度，探索新的成型工艺，开发新材料，寻找直接或间接制造高力学性能的金属与非金属制件的方法以及与其他技术的结合。该项技术在汽车、机械、电器电子等行业，国防、工业产品设计、生物医学、文物保护等领域中将会得到更为广泛的应用。

复习思考题

1. 什么是RP技术？它与传统的机械加工方法有何本质区别？有哪些特点？简述RP制造过程。

2. 简述快速成型技术的应用。

3. 简述RP技术的基本原理。

第二章　几种典型的快速成型技术

内容提要

快速成型（RP）技术是由三维 CAD 数据模型直接驱动的、快速制造任意复杂形状的三维物理实体技术的总称。它是集计算机技术、数控技术、材料科学、激光技术及机械工程技术等为一体的高新技术。与传统加工制造方法不同，RP 技术是从零件的三维几何 CAD 模型出发，通过将三维数据模型分层离散，再用特殊的加工技术（如熔融、烧结、粘结等）将特定材料进行逐层堆积，最终形成实体模型或产品，故也称为增材制造（Material Increasing Manufacturing, MIM）或分层制造技术（Layered Manufacturing Technology, LMT）。由于 RP 技术是把复杂的三维制造转化为一系列二维制造的叠加，因此它可以在不借助任何模具和工具的条件下，生成具有任意复杂曲面的零部件或产品，因而极大地提高了生产效率和制造的柔性。

目前比较成熟的 RP 技术和相应系统已有十余种，其中较为成熟的技术有：薄形材料切割成型（LOM）、丝状材料熔融成型（FDM）、液态光固化成型（SLA）、粉末材料烧结成型（SLS）等。尽管这些 RP 系统的结构和采用的原材料有所不同，但它们都是基于先离散分层，再堆积叠加的成型原理，即将一层层的二维轮廓逐步叠加成三维实体。其具体差别主要在于二维轮廓制作采用的原材料类型、成型的方法以及截面层与层之间的连接方式等内容。

第一节　快速成型技术的分类

一、快速成型的基本原理及工艺技术

RP 技术是一种基于离散和堆积原理的崭新的快速制造技术。它将零件的三维 CAD 实体模型按一定方式进行离散，将其转变成为可加工的离散面、离散线和离散点，然后采用多种物理或化学方式，将这些离散面、线段和点进行逐层堆积，最终形成零件的实体模型。它与从毛坯上去除多余材料的切削加工方法完全不同，也与借助模具锻造、冲压、铸造和注射等成型技术有异，是一种自由成型之逐层制造技术。

（一）自由成型之逐层制造

采用 RP 成型技术时，产品或模型的具体成型过程是：首先采用相关的计算机绘图软件设计出三维 CAD 模型，然后经过相关的格式转换，再对零件进行分层切片，得到各层截面的二维轮廓形状；再按照这些二维的轮廓形状，采用激光束选择性地固化一层一层的液态光敏树脂，或者切割一层一层的特制纸或金属薄材，或者烧结一层一层的粉末材料，或者用喷射源选择性地喷射一层一层的粘结剂或热熔性材料，以形成每一层呈二维的平面轮廓形状；最终再一层层叠加，形成三维实体产品或模型。

由此可见，RP 技术的成型过程是属于"材料增长"的方法，即用事先设置好的一层一层"薄片毛坯"逐步叠加形成具有复杂外形的三维实体零件。由于它的制作原理是将复杂的三维实体分解成二维轮廓的逐层叠加，所以有时也称之为"叠层制造"技术。其成型的基本原理如图 2-1 所示。

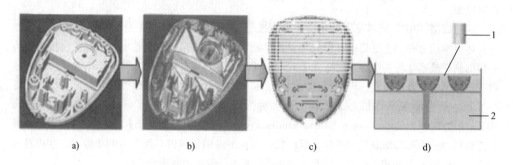

图 2-1　RP 技术的基本原理
a）CAD 模型　b）STL 格式　c）分层切片　d）叠层过程
1—成型能源　2—升降台

（二）三维 CAD 模型之逐层制造

1. **三维实体模型的近似处理**　产品零件上往往有一些不规则的、复杂的自由曲面，在制作快速原型前必须对其进行一定的近似处理，才有可能获取比较准确的截面轮廓。在 RP 技术中，最常见的近似处理方法是用一系列的小三角形面片来逼近零件的自由曲面。其中，每一个三角形面片可以用三个顶点的坐标和一个法线矢量来描述，即 STL 格式文件。三角形的大小可以根据设计及用户需要进行设定，从而得到不同的曲面近似精度。目前大多数三维 CAD 软件都有输出 STL 文件的转换接口，若有时输出的三角形会有少量错误，则还需进行局部的编辑与修改。

2. **三维实体模型的切片处理**　RP 的成型过程是按照截面轮廓来进行逐层加工的。加工前，须在三维实体上沿着成型的高度方向，每隔一定的间隔进行一次切片处理，以获取此层的截面轮廓。间隔的大小可根据待成型件的精度进行确定，间隔越小，精度越高，但成型时间也相应延长。目前间隔选取的范围一般为 0.05 ~ 0.50mm，最常用的是 0.1mm 左右。在此取值下，能得到较光滑的成型曲面。各种 RP 快速成型系统都带有分层切片处理软件，能自动提取出三维 CAD 模型的截面轮廓。图 2-2 所示为对摩托车气缸盖的三维实体模型进行分层切片后得到的某一层截面轮廓。

3. **截面轮廓的加工**　在 RP 数控系统的控制下，快速成型设备中的激光头或喷头按照分层切片处理后的截面轮廓在二维平面内做轨迹运动，进行切割纸、固化

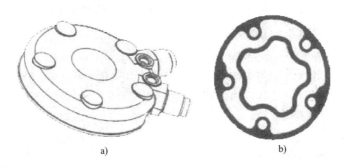

图 2-2　摩托车气缸盖的 CAD 模型及其某一层截面的轮廓
a）气缸盖　b）某一层截面的轮廓

液态树脂、烧结粉末材料或喷射粘结剂和热熔材料等，从而获得具有一定厚度的、一层层的截面轮廓。

4. 截面轮廓的叠合　每层截面轮廓成型之后，RP 设备就将下一层材料送至已成型的最后加工的一层轮廓表面上，再进行新一层截面轮廓的成型，并将一层层的截面轮廓逐步叠合在一起，最终形成三维的产品或模型。

（三）快速成型的前处理

1. 三维 CAD 模型的几种表达方法

（1）构造型立体几何表达法。该方法采用布尔运算法则将一些简单的三维几何基元（如立方体、圆柱体、环、锥体等）加以组合，然后转化成复杂的三维实体。此方法的优点是易于控制存储的信息量，所得到的实体较真实有效，并且能方便地对其外形进行修改。此方法的缺点是，由于产生和修改实体的算法有限，因此构成图形的计算量很大，比较费时。

（2）边界表达法。该方法是根据顶点、边和面构成的表面来精确地描述三维实体的一种方法。此方法的优点是能快速地绘制出立体或线框模型。缺点是由于它的数据是以表格形式出现的，空间占用量大，修改设计不如构造型立体几何表达法简单，且所得到的实体不一定真实有效，有可能会出现错误的孔洞和部分特征颠倒现象，描述缺乏唯一性。

（3）参量表达法。对于一些产品模型的自由曲面难以用传统几何元素来进行描述的，可用参量表达法。该方法是借助参量化样条、贝塞尔曲线以及 B 样条来描述其自由曲面的。它的每一个 X、Y、Z 坐标都呈参量化形式。各种参量表达格式的差别在于对曲线的控制能力（即局部修改曲线而不影响临近特征的能力）以及建立几何体模型的能力，其中较好的一种为非有理 B 样条法（NURBS）。它既能表达出复杂的自由曲面，允许局部修改曲率，又能准确地描述几何特征。

（4）单元表达法。此方法来源于分析软件。在这些分析软件中，要求将三维实体表面离散成特定的单元形式。典型的单元形式有三角形、正方形或多边形等。

在 RP 技术中采用的三角形近似，如将三维 CAD 实体模型转化成 STL 格式文件，就是一种单元表达法的应用形式。

2. RP 技术中常用的文件格式

（1）STL（Stereo Lithography）格式。STL 格式始于美国 3D System 公司生产的 SLA 快速成型系统，目前它已成为快速成型系统中最常见的一种文件格式。它是将曲面的三维 CAD 模型近似成一个个小三角形平面的组合，如图 2-3 所示。

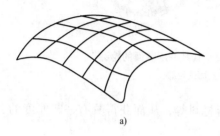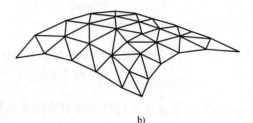

a)　　　　　　　　　　　　　　　　　　b)

图 2-3　STL 文件的三角形面片格式

a）曲面模型　b）小三角形面片组成的模型

一般情况下，STL 文件有 ASCII 码和二进制码两种输出形式。二进制码输出形式所占用的文件空间比 ASCII 码输出形式的占用空间小得多，一般只是 ASCII 码的 1/6。但是 ASCII 码输出形式的最大优点是可以阅读，并能进行直观地检查。

（2）IGES（International Graphics Exchange Standard）格式。IGES 是目前大多数 CAD 系统采用的一种图形转换标准，可用于支持多种不同文件格式间的转化。

（3）HPGL（HP Graphics Language）格式。HPGL 是美国惠普公司开发的用来控制自动绘图机的一种语言格式，目前它已被广泛地接受与应用。这种表达格式的基本组成结构是描述图形的矢量，用 X 和 Y 的坐标值来表示矢量的起点与终点以及绘图笔相应的抬起和放下等动作。现在一些与绘图原理有关的 RP 系统（如三维打印）就是采用 HPGL 来驱动喷头进行工作的。

（4）STEP（Standard for the Exchange of Product）格式。STEP 是国际标准化组织提出的一种产品数据交换标准。目前，典型的 CAD 系统都可以输出 STEP 的格式文件。有些快速成型技术的研究人员正在研究借助 STEP 格式而不经过 STL 格式的转化，就可直接对三维实体模型进行分层和切片处理，从而有效地提高快速成型的精度。

（四）快速成型方向的选择

由于 RP 技术的基本原理是将复杂的三维实体分解成二维轮廓，然后再一层层地叠加，因此将各种格式的文件所表达出来的三维模型进行旋转，再进行切片可获得不同的模型成型方向。成型方向对工件的品质、材料消耗和模型的制作时间等方面都有很大的影响。

1. 对工件品质的影响　一般情况下，大多数 RP 技术都较难控制 Z 轴方向

（即垂直方向）上的模型翘曲变形，而工件在 X-Y 轴方向的尺寸精度比 Z 轴方向更容易得到控制和保证，因此在选择模型的成型方向时，应将精度要求较高的外轮廓表面尽可能放置在 X-Y 的平面内。

例如，对于 SLA 快速成型技术，影响其成型精度的主要因素是层与层之间的台阶效应、Z 轴向的尺寸偏差和支撑结构设置的合理与否。对于 SLS 成型技术，除了层与层之间的台阶效应之外，由于没有支撑结构，故很可能会出现大面积的模型底层部分容易卷曲成型的情况，以致整个模型制件的外形歪扭，因此在制作 SLS 成型件时，应尽可能避免大截面基底的形成。对于 FDM 成型技术，应该尽量减少斜面的出现以及大面积的外伸表面的出现，同时尽量避免过多的支撑结构的设置，其目的是提高产品或模型的成型精度。对于 LOM 成型技术，影响其成型精度的主要因素是层与层之间的台阶效应以及剥离废料造成的表面划伤从而影响模型精度等问题。

对于成型件的强度，无论是哪一种快速成型技术，都是基于多层材料的叠加原理，这就有可能导致层与层之间的结合强度低于材料本身的强度，因此模型制件的横向强度一般都高于纵向强度。

2. 对材料成本的影响　RP 成型制件的不同成型方向会导致材料消耗量的不同。此外，材料的消耗总量还取决于所用的原材料是否可回收和再利用。对于需要支撑结构的快速成型技术，如 SLA 和 FDM 技术，材料的消耗量应该包括制作支撑结构所需要的材料，因此支撑结构设计的合理与否对成型制件所需材料的消耗有较大的影响。对于 SLS 成型技术，由于原型制件的体积是恒定的，成型过程中未烧结的材料可以再利用，因此成型材料的消耗量与成型方向无任何关系。对于 LOM 成型技术，由于其废料不能再回收和再利用，因此成型材料的消耗量与成型方向有着密切的关系，成型制件的高度最小时，所需材料最节省。

3. 对制作时间的影响　原型制件的成型时间包括前处理、后处理和逐层成型三个时间段。前处理的主要内容是 RP 成型数据的准备过程，所花费的时间与成型制件成型方向基本无关；后处理花费的时间取决于原型制件的复杂程度，以及支撑结构的剥离，另外，对于不需支撑结构的成型技术，如 SLS、LOM 和 3DP 等，可以认为与成型方向无任何关系。对于需要支撑结构的一些成型技术，不同的成型方向将导致模型支撑结构中体积大小的变化，因此会影响模型的成型时间。

（五）成型材料

RP 技术所用的成型材料是快速成型技术不断研发的关键内容。它不仅关系到成型制件的成型速度、尺寸精度，还直接影响到原型制件的应用范围以及成型设备的选用。新的 RP 技术的出现，往往与新材料的开发与应用有关。

RP 技术对成型材料的需求与快速成型制造的四个目标，即概念型、功能测试型、模具型和功能零件型相适应。概念型对成型材料的成型精度及物理、化学特性要求不高，但它要求成型速度要快，如对光固化树脂材料，要求具有较低的临界曝光功率及较大的穿透深度和较低的黏度等。功能测试型对成型材料成型后的强度、刚度、耐热性、耐蚀性等也有一定要求，若用于可装配测试，则对于材料成型的精度有更高的要求。模具型要求成型材料能适应具体模具制造的要求，如消失模铸造用原型材料要求材料成型后易于去除废弃的材料。RP 技术常用的成型材料种类见表 2-1。

表 2-1　RP 技术常用的成型材料种类

材料形态	液　态	固态		固　态	固态丝材
		非金属	金属		
材料种类	丙烯酸基光固化树脂 环氧基光固化树脂 导电液 净水	蜡粉 树脂砭 塑料粉 覆膜陶瓷粉	钢粉 覆膜钢粉 钢合金粉 铜合金粉	覆膜纸 覆膜塑料 覆膜陶瓷箔 覆膜金属箔	蜡丝 塑料丝

二、快速成型的基本工艺步骤

快速成型的过程一般都包含 CAD 模型的建立、前处理、原型制作和后处理四个步骤。其工艺流程如图 2-4 所示。

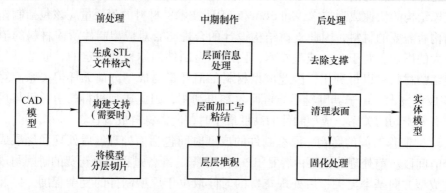

图 2-4　RP 的基本工艺流程

（一）产品三维 CAD 实体模型的创建

RP 系统是由三维 CAD 数据模型直接驱动，因此首先要构建出产品的三维 CAD 数据模型。三维 CAD 数据模型可以利用计算机的三维辅助设计软件（Pro/E，I-DEAS，Solidworks，UG 等）直接构建；也可以将已有产品的三维实体进行激光扫描、CT 断层扫描等逆向工程的技术操作，以获取三维的点云数据，然后利用逆向工程的相关软件方法构造出产品的三维数据模型。目前，快速成型软件所接受的数据文件一般为 STL 格式，所以必须先对产品的三维数据模型进行近似处理，用一系列的小三角形平面去逼近原来的实体模型。目前一般的三维 CAD 软件都带有转换和输出 STL 格式文件的功能。

（二）快速成型的前处理

首先根据被加工模型的三维特征选择合适的成型方向，在模型的成型高度方向上用一系列一定且相同间隔的平面去切割模型，以便提取出截面的轮廓信息。间隔一般设定在 0.05 ~ 0.5mm 之间，目前最小分层厚度可达到 0.016mm。间隔越小，模型的成型精度越高，但相应的模型的成型时间也越长，效率也越低；反之，则成型精度降低，但效率有所提高。

（三）快速加工与成型过程

在计算机控制下，根据切片处理的截面轮廓，相应的 RP 设备的成型头（激光头或喷头）就会按照各截面轮廓的信息做二维的扫描运动，在工作台上一层一层地进行材料的堆积工作，同时将各层进行粘结，最终得到三维产品或模型。

（四）模型制件的后处理

从 RP 系统里取出模型成型件，进行一些模型的后处理工作，如进行剥离、后固化、修补、打磨、抛光及涂挂等后处理工艺，其目的是降低产品或模型的表面粗糙度值，提高其强度。

三、快速成型设备的组成与分类

快速成型技术的基本原理是逐层叠加制造。快速成型设备是在 X-Y 平面内通过二维扫描形成原型制件的截面轮廓形状，而在 Z 坐标上做间断的层厚位移，最终形成三维的产品或模型。因此，目前一般的快速成型设备主要由扫描路径、RP 运动机构、能源设备、材料供给和控制系统四大部分组成。

（一）扫描路径

扫描路径是指模型成型一个截面轮廓时的运动路径，共有两种路径：一种是栅格路径，由一系列连续的或者是间断的直线形成一个个轮廓截面；另一种路径是先沿截面轮廓线进行矢量运动，而后形成一圈圈截面外轮廓线，外轮廓线的内部可以用矢量路径或栅格路径加以填充。

这两种路径的主要差别在于模型成型的精度和速度。栅格路径是仅仅沿着一个坐标运动，所以其速度较快，由于其轮廓线是由三角形近似得到的，因此会产生离散误差。矢量路径则避免了这种误差，但需进行二维的插补，扫描速度较慢，其优点是轮廓精度较高。

（二）RP 运动机构

RP 运动机构是指得到三维几何实体制件的运动执行机构。常用的运动执行机构有两种：一种是 X、Y、Z 三个坐标轴的运动均由机械传动实现；另一种由电流偏转镜的转动形成原型件的二维轮廓截面，再由机械传动的垂直位移使轮廓截面相互叠加。

快速成型机的控制系统只有接受三维 CAD 实体模型后，才能进行数据格式转换和分层切片处理。因此，必须先在计算机上用 CAD 软件建立产品的三维实体模型；或将已有产品的二维工程图样转换成三维 CAD 数据模型；或采用逆向工程用扫描机对已有的零件实样进行扫描，得到三维 CAD 数据模型。然后再对三维 CAD 数据模型进行处理。

目前，根据快速成型设备的运动机构和成型的扫描路径特征，可将典型的快速成型设备分为以下几类，见表 2-2。

表 2-2　几种典型的快速成型设备

扫描方式	成型路径	
	矢量路径	栅格路径
运动机构		
偏转镜扫描		3D System、EOS 等公司的 SLS 快速原型机；3D System、CMET 等公司的 SLA 快速原型机	Teijin-Seiki 公司的 SLA 快速原型机
机械运动扫描		各种 LOM 快速原型机；各种 FDM 快速原型机	3D System、MJM[①] 快速原型机；Z Corp、Soligen 公司的 3DP 快速原型机

① MJM：Multi-Jet Molding（多喷嘴成型）。

四、快速成型技术的分类

RP 技术结合了当代众多的高新技术内容，如计算机辅助设计与制造、数控加工技术、激光加工技术以及材料技术等，同时随着众多技术的不断更新而快速向前发展。RP 技术自 1986 年出现至今，已经有三十多种不同的加工方法，而且许多新的加工与制造方法仍在继续涌现。

目前，按照 RP 技术使用的能源进行分类，可以将 RP 技术分为激光加工和非激光加工两大类。成型材料按照形态可以分为液态、薄材、丝材、金属和非金属粉末五种。其中，目前得到较为广泛应用的有以下五种快速成型技术：液态光敏树脂选择性固化（Stereo Lithography Apparatus，SLA）、薄型材料选择性切割（Laminated Object Manufacturing，LOM）、丝状材料选择性熔融堆积（Fused Deposition Modeling，FDM）、粉末材料选择性激光烧结（Selected Laser Sintering，SLS）、喷墨三维打印成型（Three Dimensions Printing，3DP）。

（一）按 RP 加工制造所使用的材料的状态、性能及特征分类

1. 液态聚合与固化技术　原材料呈液态，利用光能、热能等使特殊的液态聚

合物固化形成所需的形状。

2. 烧结与粘结技术　原材料为固态粉末，通过激光烧结或用粘结剂把材料粉末粘结在一起，以形成所需形状。

3. 丝材、线材熔化粘结技术　原材料为丝材或线材，通过升温熔融，并按指定的路线层层堆积出所需的三维实体。

4. 板材层合技术　原材料是固态板材或膜，通过粘结将各片薄层板粘结在一起，或利用塑料膜的光聚合作用将各层膜片粘结起来。

（二）按 RP 加工制造原理分类

1. 光固化成型（Stereo Lithography Apparatus，SLA）技术　以光敏树脂为原料，在计算机控制下，紫外激光束按各分层截面轮廓的轨迹进行逐点扫描，被扫描区内的树脂薄层产生光聚合反应后固化，形成制件的一个薄层截面。当一层固化完毕后，工作台向下移动一个层厚，在刚刚固化的树脂表面又铺上一层新的光敏树脂，以便进行循环扫描和固化。新固化后的一层牢固地粘结在前一层上，如此重复，层层堆积，最终形成整个产品原型。

2. 分层实体制造（Laminated Object Manufacturing，LOM）技术　采用激光器和加热辊，按照二维分层模型所获得的数据，将单面涂有热熔胶的纸、塑料带、金属带等切割成产品模型的内外轮廓，同时加热含有热熔胶的纸等材料，使得刚刚切好的一层和下面的已切割层粘结在一起。如此循环，逐层反复地切割与粘合，最终叠加成整个产品原型。

3. 熔融沉积制造（Fused Deposition Modeling，FDM）技术　采用热熔喷头装置，使得熔融状态的 ABS 丝按模型分层数据控制的路径从喷头挤出，并在指定的位置沉积和凝固成型，经过逐层沉积和凝固，最终形成整个产品原型。

4. 选择性激光烧结（Selected Laser Sintering，SLS）技术　采用激光束，按照计算机输出的产品模型的分层轮廓及指定路径，在选择区域内扫描和熔融工作台上已均匀铺层的材料粉末，处于扫描区域内的粉末被激光束熔融后形成一层烧结层。逐层烧结后，再去掉多余的粉末即可获得产品模型。

5. 三维打印（Three Dimensions Printing，3DP）技术　三维打印原理与喷墨打印机的原理近似，首先在工作仓中均匀地铺粉，再用喷头按指定路径将液态的粘结剂喷涂在粉层上的指定区域，待粘结剂固化后，除去多余的粉尘材料，即可得到所需的产品原型。此技术也可以直接逐层喷涂陶瓷或其他材料的粉浆，固化后得到所需的产品原型。

第二节　光固化成型（SLA）技术

光固化成型（Stereo Lithography 或 Stereo Lithography Apparatus，简称 SL 或 SLA）技术，又可称为立体光刻成型技术。光固化成型技术已很成熟和稳定，尺寸精度也较高，最高可达 0.2%。此项技术缘于 Charles W. Hull 提出的，采用激光束照射液态光敏树脂后逐层制作三维实体的快速成型方案。此项技术于 1984 年获得美国专利，之后 3D System 公司根据此项专利，在 1986 年生产出第一台激光快速成型设备 SLA-250，如图 2-5 所示。其模型制作的工艺过程与模型制件分别如图 2-6、图 2-7 所示。

图 2-5　光固化成型设备

1—激光发生器　2—原型制件　3—光敏树脂液槽

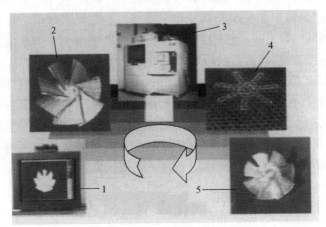

图 2-6　光固化成型工艺过程

1—CAD 模型　2—切片处理　3—快速成型　4—激光固化　5—原型制件

SLA 技术是早期发展起来的 RP 技术，也是目前最成熟、应用最广泛的 RP 技术之一。它能简便快捷地加工制造出各种传统加工方法难以加工制作的复杂的三维实体模型，在加工技术领域中具有划时代的意义。采用 SLA 技术制作的模型一般制作层厚在 0.05 ~ 0.15mm 之间，且成型的零件精度较高。然而，此技术也有自身的局限性，如需要制作支撑，树脂易产生收缩导致模型精度下降，并且光固化树脂有一定的毒性。

图 2-7　光固化成型制件

1—原型制件　2—支撑结构

一、光固化快速成型（SLA）原理和系统组成

（一）SLA 快速成型原理

光固化快速成型原理如图 2-8 所示。SLA 系统由以下五部分组成：液槽、可升降工作台、激光器、扫描系统和计算机控制系统。工作时，在液槽中盛满液态光固化聚合物，带有很多小孔洞的可升降工作台在步进电动机的驱动下，沿 Z 轴方向做往复运动。激光器为紫外激光器，如氦-镉激光器、氩离子激光器、固态激光器等。扫描系统由一组定位镜组成，它能依据计算机控制系统发出的指令，按照每一层截面的轮廓信息做高速往复摆动，使得激光器发出的激光束反射后聚焦在液槽里液态聚合物的表面上，同时沿此面做 X-Y 平面的扫描运动。当一层液态光固化聚合物受到紫外激光束照射时，其就会快速地固化且形成相应的一层固态的截面轮廓。

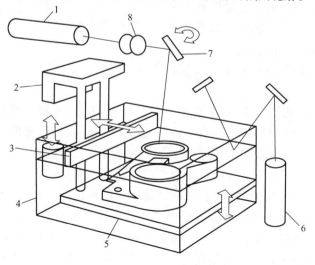

图 2-8　光固化快速成型原理图

1—激光器　2—工作台　3—刮板　4—液槽　5—托板　6—激光器　7—反射镜　8—透镜

　　当一层固化完毕后，工作台就会下移事先设定好的一个层厚的距离，然后在原固化好的表面再铺覆上一层新的液态树脂，用刮刀将树脂液面刮平，再进行下一层轮廓的扫描加工。此时新固化的一层牢固地粘结在前一层的表面上，如此循环，直至整个零件加工制造完毕，就得到一个三维实体产品或模型。

　　储液槽中所盛装的液态光敏树脂在一定波长和强度的紫外激光照射下会在一定区域内固化，以形成固化点。在每一层面的成型开始时，工作平台会处在液面下某一确定的深度，如 0.05～0.20mm。聚焦后的激光光斑在液面上按计算机所发出的指令逐点进行扫描，以实现逐点固化。当某一层扫描完成后，未被激光照射的树脂仍然是液态的。之后升降架带动工作平台再下降一层的高度，则在刚刚成型的层面上又布满一层树脂，再进行第二层轮廓的扫描，形成一个新的加工层，同时与已固化部分牢牢地粘结在一起。

　　对于采用激光偏转镜扫描的成型设备而言，由于激光束被偏转而斜射，因此焦距和液面光点尺寸都是变化的，这将直接影响每一薄层的固化。为了补偿焦距和光点尺寸的变化缺陷，激光束扫描的速度必须是可以实时调整的。此外，制作每一薄层时，扫描速度也必须根据被加工材料的分层厚度变化而随时调整。

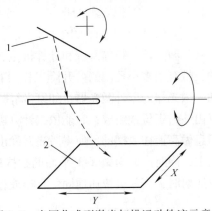

　　（二）SLA 系统的组成

　　SLA 系统通常由激光器、X-Y 运动装置或激光偏转扫描器、光敏性液态聚合物、聚合物容器、控制软件和升降工作台等部分组成。光固化成型激光扫描运动轨迹示意图如图 2-9 所示。

图 2-9　光固化成型激光扫描运动轨迹示意图
1—激光器　2—液态光固化聚合物

　　1. 光学部分

　　（1）紫外激光器。通常采用氦-镉（He-Cd）激光器，输出功率为 15～500mW，输出波长为 325nm。还有一种是氩离子（Argon）激光器，其输出功率为 100～500mW，输出波长为 351～365nm。这两种激光器的输出都是连续的，寿命大约为 2000h。第三种采用的是固体激光器，输出功率可达 500mW 以上，寿命可超过 5000h，更换激光二极管后还能继续使用。这相比氦-镉激光器而言，更换激光二极管的费用要比更换气体激光管的费用少得多。此外，固体激光器所形成的光斑模式较好，有利于聚焦。一般其激光束的光斑直径为 0.05～3.00mm，激光位置精度可达到 0.008mm，往复精度能达到 0.13mm。由此可见，固体激光器将是未来主要的发展趋势。

　　（2）激光束扫描装置。一般数控的激光束扫描装置有两种形式：一种是基于检流计驱动式的扫描镜方式，其最高扫描速度能达到 15m/s，适用于制造尺寸较小的、高精度的模型制件；另一种是 X-Y 绘图仪的方式，其激光束在整个扫描过程中与树脂液面垂直，通过这种扫描方式能获得高精度、大尺寸的模型制件。

2. 树脂容器系统

（1）树脂容器。用于盛装液态树脂的容器一般由不锈钢制成，其尺寸大小取决于 SLA 系统设计的最大尺寸原型，通常为 20～200L。液态树脂是能够被紫外光感光且固化的光敏聚合物。

（2）升降工作台。在升降工作台上分布有多个小孔洞。在步进电动机的驱动下，升降工作台沿 Z 轴方向做往复运动，最小步距可在 0.02mm 以下。在 Z 轴 225mm 的工作范围内，位置精度为 ±0.05mm。

二、SLA 工艺过程

光固化成型包括模型设计、切片与数据准备、三维实体模型的创建、光固化成型及后处理等。其具体工艺步骤如下。

（一）模型设计

光固化成型的第一步是在 CAD 软件中设计出所需产品的三维数据模型。所构造出的 CAD 图形无论是三维实体模型还是表面模型，都应具备完整的壁厚和内部描述特征。第二步是把设计出的 CAD 文件转换成快速成型设备所要求的标准文件，如 STL 文件格式，并将此文件输入至快速成型系统所配置的计算机内。

目前，与快速成型系统兼容的常用软件有：Pro/E、Unigraphics NX、AutoCAD、SolidWorks、I-DEAS、CATIA、CADKEY 等。这些软件具有较强的三维实体造型或表面造型功能，可以构造具有复杂外形结构的模型，其中最常用的是 Pro/E、SolidWorks 软件。

前面所提到的计算机辅助设计软件产生的模型文件的输出格式多种多样，常见的有 IGES、STEP、DXF 和 STL 等格式。其中，STL 格式是最常采用的格式之一。生成 STL 格式后，还需要第三方软件进行数据转换和处理，以便生成快速成型设备能够识别的数据文件。目前，国外出现很多 CAD 与 RP 系统之间相互转换的第三方软件，如美国 SolidConcept 公司的 BridgeWorks、SolidView，比利时 Materialise 公司的 Magics，美国 hnageware 公司的 Surface-RPM 等。其中 Magics 软件除了具有观察、测量、变换、修改、加支撑常规功能外，还提供了 STL 文件的剖切和冲孔功能，并且在分解 STL 文件时，可生成便于对接的结构；同时具有能将复杂零件进行精确地抽壳、光顺、去除噪声点等功能。

（二）模型切片与数据准备

将 STL 文件传送到光固化成型系统中，首先对 STL 模型文件进行检查和修复，并优化模型制作方向，以便构造出所需的三维实体模型。

在光固化成型过程中，液体树脂固化成型时，由于体积收缩而造成内应力，同时模型中的悬垂部分与底面都需要添加制作的基础，这就需要设计出合理的支撑结构来保持原型制件在制作过程中的稳定性和精确性，从而保证三维实体原型的成功制作。

　　目前，常用的支撑结构设计方法有两种：一种方法是根据 STL 数据模型直接设计支撑，输出 STL 的支撑文件，再与零件 STL 模型合并，进行分层处理；另一种方法是在分层截面轮廓上设计支撑结构，此支撑结构的设计需要在计算机上单独生成。在三维实体原型制作完毕后，还要进行一些后处理，以将支撑结构与产品原型剥离。一些 SLA 常见的支撑结构如图 2-10 所示。

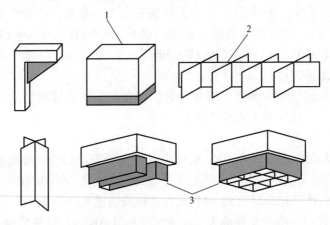

图 2-10　SLA 常见的支撑结构
1—原型制件　2—支撑结构元素　3—支撑结构

　　利用 RP 设备自带的分层软件将三维数据模型进行分层，得到无数具有一定厚度的薄片层平面图形和有关的三角网格矢量数据，这些数据可用于控制激光束进行轨迹的扫描工作。分层参数的选择对产品模型的成型时间、模型精度等有很大影响。分层数据包括切片层厚的选择、扫描速度、网格间距、线宽补偿值、收缩补偿因子、建造模式以及固化深度等参数。

　　（三）三维实体模型的构造

　　三维实体模型的构造过程是液态光敏树脂聚合并固化成产品模型的过程。图 2-11 所示为光固化成型的工艺过程。首先可升降工作台的上表面位于液面下的一个截面层厚的高度，一般为 0.125～0.750mm，该层的液态光敏聚合物被激光束扫描后固化，形成所需的轮廓截面形状，如图 2-11a 所示；然后工作台下降一个层厚的高度，液槽中的液态光敏聚合物流经并铺覆在刚才已固化的那层截面轮廓层上，如图 2-11b 所示；然后刮刀按照事先设定好的层厚的高度做往复运动，刮去多余的聚合物，如图 2-11c 所示；再对新铺上的这一层液态聚合物进行激光扫描和固化以形成第二层所需的固态截面轮廓。新固化的一层牢固地粘结在前一层的上面，如此循环往复，直到整个产品模型加工完毕。

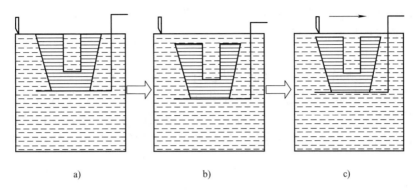

图 2-11　光固化成型工艺过程

a）一层扫描固化完成　b）工作台下降一个层厚　c）扫描并固化新的一层

三、SLA 树脂涂层技术

树脂涂层技术是光固化成型技术的重要内容。它包括树脂具备的性能、树脂表面的平整度、涂层的速度等，是影响 SLA 技术的关键因素。图 2-12 所示为目前常用的树脂涂层的三种方法：深浸法、倒 U 形管法、黏液滞留法。

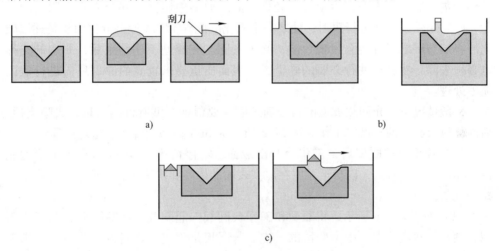

图 2-12　常用的三种树脂涂层方法

a）深浸法　b）倒 U 形管法　c）黏液滞留法

（一）深浸法

深浸法的基本原理是当一层轮廓截面图形成型完毕后，工作台就会向下移动一段距离，此距离大于一个层厚，能将未成型完毕的原型浸没于液态树脂中；然后工作台上移，将原型升到下一层扫描的位置，此时，原型上铺覆具有表面张力的树脂；然后再用刮刀刮扫液面，其目的是刮去多余的树脂，留下所需的层厚，具体工艺过程如图 2-12a 所示。对于有内腔的原型而言，由于树脂具有黏附特性，当刮刀刮过表面时，必然会将内腔中的树脂拖带起，导致腔体内的液态树脂厚度会小于所要求的层厚，从而影响原型的精度。

（二）倒 U 形管法

如图 2-12b 所示，在树脂液面上装设有一盛满液态树脂的倒 U 形管装置，可用毛细管或静电将液态树脂吸入倒 U 形管中。涂层装置的后边带有刀刃，当一个层面的轮廓成型完毕后，工作台下降一个事先设定的层厚，该装置扫过液面，并将其中的树脂均匀地喷洒进行涂层。这种涂覆方法的优点是速度较快，避免了深浸法的缺点。

（三）黏液滞留法

如图 2-12c 所示，黏液滞留法的原理是，在两刮刀之间夹持一把刷子，当每一层的轮廓截面在进行扫描成型的工作时，该装置是被置于液态树脂中的；每一层轮廓截面成型完毕后，工作台就会下降一个层厚，然后夹持刮刀的装置被提起，扫过液面，同时利用刷子上滞留的黏稠树脂进行涂层。

四、SLA 后处理

当原型制件在激光成型系统中成型后，工作台从容器中升起，从工作台上取出模型进行清洗，再进行检验及后处理。此时原型中还留有部分未完全固化的树脂，必须用强紫外光进行照射，使之完全固化。此外，SLA 原型制件由于是逐层硬化的，层与层之间可能会出现台阶，必须去除。在成型工序结束后，原型的支撑也必须去除，然后再进行必要的修整，对表面质量要求较高的原型还需进行表面喷砂处理。

一般情况下，光固化成型的后处理工序主要包括原型制件的清理、去除支撑、后固化以及必要的打磨等工作。图 2-13 所示为 SLA 原型制件的后处理过程。

（1）原型制件成型后，工作台升出液面，需停留 5～10min 后再取下原型制件，如图 2-13a 所示，以晾干滞留在原型表面的树脂和排除包裹在原型内部多余的树脂。

（2）如图 2-13b 所示，将原型和工作台网板一起斜放，待晾干后将其浸入丙酮、酒精等清洗液中，刷掉残留的气泡。若网板是固定在设备的工作台上，则直接用铲刀将原型从网板上取下进行清洗。

（3）待原型制件清洗完毕后，去除原型底部及中空部分的支撑结构。去除支撑时，注意不要刮伤原型表面及其精细结构部位，如图 2-13c 所示。

（4）将原型制件再一次进行清洗，然后置于紫外烘箱中进行整体固化，如图 2-13d所示。对各方面性能要求不高的原型制件可以省略此项工序。

五、SLA 应用举例

目前，SLA 原型制件常用于样品零件、功能零件和直接翻制硅橡胶模模具，也可替代熔模精密铸造中的蜡模来生产金属零件等。若用作样品零件、功能零件，则要求原型具有较好的尺寸精度、表面粗糙度以及强度等性能。当用作熔模精密

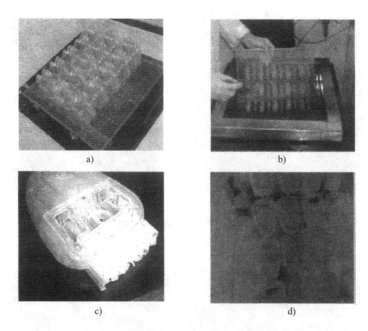

图 2-13　SLA 后处理过程

a）晾干　b）清洗　c）去除支撑　d）进一步清洗与固化

铸造中的蜡模时，应满足铸造工艺中对蜡模各方面性能的要求，具有较好的浆料涂挂性能，并且在加热石蜡时，其膨胀性较小，在壳型内残留物要少。

SLA 特别适用于制作中小型模型或样件，其制作的原型可以达到机械加工的表面效果，能直接得到树脂或类似工程塑料的产品。图 2-14、图 2-15 所示均为典型的 SLA 样件。

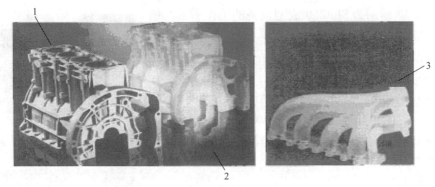

图 2-14　典型的 SLA 样件（一）

1—铸铝气缸体　2—SLA 气缸体　3—汽车进气管原型制件

图 2-16 所示为某工艺品的 SLA 原型和快速成型铸件，其中图 2-16b 所示为采用快速精密铸造方法制成的锌合金铸件。

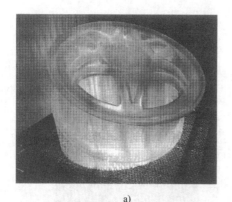 

a)　　　　　　　　　　　　　　　　b)

图 2-15　典型的 SLA 样件（二）

a）SLA 轮毂模型　　b）SLA 涡轮模型

a)　　　　　　　　　　　　　　　　b)

图 2-16　某工艺品的 SLA 原型和快速成型铸件

a）工艺品 SLA 原型　　b）工艺品锌合金铸件

图 2-17 所示为 SLA250 成型设备的工作平台与制作的模型。

六、SLA 技术的优缺点

（一）SLA 技术的优点

（1）尺寸精度高。SLA 原型的尺寸精度可以达到 ±0.1mm 以内，有时甚至可达到 0.05mm。

（2）表面质量较好。虽然在每层固化时侧面及曲面可能出现台阶，但在原型制件的上表面仍可得到玻璃状的效果。

（3）系统分辨率较高。能构建复杂结构的工件。

（4）可以直接制作面向熔模精密铸造的具有中空结构的蜡模。

图 2-17　SLA250 工作平台
与制作的模型

（二）SLA 技术的缺点

1. 成型制件外形尺寸稳定性较差　因为在成型过程中会伴随着一些物理变化和化学变化，导致成型件较软、薄的部位易产生翘曲变形，这将极大地影响成型制件的整体尺寸精度。

2. 需要设计模型的支撑结构　支撑结构需在成型制件未完全固化时手工去除，而此时容易破坏成型件的表面精度。

3. SLA 设备运转及维护的成本较高　液态树脂材料和激光器的价格都比较高，激光器等光学元件需要经常进行定期的校对和维护，且维护与保养的费用较高。

4. 可使用的 SLA 材料种类较少　目前可用的 SLA 材料主要为感光性液态树脂材料，在大多数情况下，SLA 制件不能进行抗力和热量等测试工作。

5. 液态树脂材料具有气味和毒性　平时存放时需要避光保护，以防止其提前发生聚合反应。

6. 成型制件需要二次固化　在大多数情况下，经 SLA 系统固化后的树脂制件还并未完全被激光固化，通常需要进行二次固化。

7. SLA 成型件不便进行机械加工　液态树脂材料的性能不如常用的工业塑料，它较脆且容易断裂，一般不便进行机械加工。

七、SLA 技术的现状

SLA 方法一般适用于成型中、小型产品制件，能直接得到类似塑料的产品。目前，SLA 的工艺状况主要有以下几方面内容：

（一）价格和使用费用方面

使用 SLA 技术最大的问题是研究和开发费用较高，这严重阻碍了该技术的广泛推广与应用。目前，国外一套 SLA 系统的价格为 30 万~80 万美元，并且激光器的更换费用很高，氦-镉、氩离子激光器价格分别为 2 万~4 万美元。此外，该系统的运行费用也较高，约 70 美元/h。目前，国产的同类成型机价格为 100 万元人民币左右，设备的运行费用也在 200 元/h 以上。由此可见，如何降低 SLA 技术的售价、运行成本及材料成本等，是当前 SLA 技术急需解决的重要问题。

针对 SLA 设备及激光器的更换费用较高等问题，西安交通大学近期开发了基于 SLA 面成型 3D 打印设备，如图 2-18 所示。其原理是借助直接投影技术，由投影机将每一层图片直接照射投影在工作台面的树脂材料上，并使其逐层固化成型。此项技术的突破点

图 2-18　西安交通大学 SLA 面成型 3D 打印机

在于不是利用价格非常昂贵的、需定期更换的激光头去固化成型，而是采用成本相当低廉的 LED 灯直接照射成型，并且加工方式简单可靠，在加工小型制件时，

更能体现其高精度、低价格的优点。

（二）材料方面

目前，液态光敏聚合物固化后的性能尚不如常用的工业塑料，呈现出较脆、易断裂以及不便进行切削加工等特性，且工作温度通常不能超过100℃。有时SLA制件还会被湿气侵蚀，导致工件的膨胀，其抗化学腐蚀的能力也有限。

在液态光敏聚合物的固化过程中会产生刺激性气体及污染物，因此在机器运作时，成型腔室应密闭。光敏树脂种类和性能的多样化也是当前需要研究的课题。目前大多数树脂从液态变成固态时易产生收缩，从而会引起SLA制件内部的残余应力的出现而发生变形。因此，今后SLA技术的研究方向应该是研制出价格低廉、收缩率小且无污染的光敏树脂材料，并且在固化后具有所需的力学性能、导电性、耐蚀性和颜色及一定的柔性。

（三）数据处理与工艺原理研究方面

三维CAD数据模型对SLA技术有着极其重要的影响，体现在整个快速制造过程都始于具体的三维CAD数据模型。因此，如何进一步完善CAD系统的造型功能、精确地表现出三维数据模型是提高成型件制造精度的有效途径。SLA技术所接受的原型描述文件为STL文件，它是由许多小三角形面片近似地表示三维CAD模型表面，这种处理必然会造成部分数据的丢失，因此应研究CAD模型的直接分层以及STL模型分层的各种优化方法，以便得到更为精确的所需模型的截面轮廓。此外，还需针对截面轮廓的填充扫描方式进行进一步的研究，并且应合理、准确、有效地设计支撑结构，以提高原型制件的成型精度。

第三节　选择性激光烧结（SLS）成型技术

选择性激光烧结（Selected Laser Sintering，简称SLS）技术又称为激光选区烧结或粉末材料选择性激光烧结。此项技术是由美国得克萨斯大学奥斯汀分校的C. R. Dechard于1989年研制成功的，目前该工艺已被美国DTM公司商品化。二十多年来，奥斯汀分校和DTM公司在SLS领域做了大量的研究与开发工作，在设备研制、加工工艺和材料开发上取得了很大进展。德国的EOS公司也开发出了相应的系列成型设备。图2-19所示为一台SLS快速成型设备。

目前在国内也有很多机构进行SLS的相关研究工作，如华中科技大学、南京航空航天大学、北京隆源自动成型有限公司等研制和生产出了系列的商品化设备。

SLS快速成型技术是利用粉末材料，如金属粉末、非金属粉末，采用激光照射的烧结原理，在计算机控制下进行层层堆积，最终加工制作成所需的模型或产品。SLS与SLA的成型原理相似，而所使用的原材料不同，SLA所用的原材料是液态的光敏可固化树脂，SLS使用的原材料为粉状材料。从理论上讲，任何可熔的粉末都可以用来制造产品或模型，因此可以选用粉末材料是SLS技术的主要优点之一。

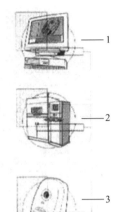

图 2-19　SLS 快速成型设备

1—CAD 数据　2—EOSint P　3—原型制件

一、SLS 快速成型原理和系统组成

（一）SLS 快速成型原理

图 2-20 所示为 SLS 快速成型系统的工作原理示意图。从图中可以看出，SLS 快速成型的基本原理是采用激光器对粉末状材料进行烧结和固化。首先在工作台上用刮板或辊筒铺覆一层粉末状材料，再将其加热至略低于其熔化温度，然后在计算机的控制下，激光束按照事先设定好的分层截面轮廓，对原型制件的实心部分进行粉末扫描，并使粉末的温度升至熔化点，致使激光束扫描到的粉末熔化，粉末间相互粘结，从而得到一层截面轮廓。位于非烧结区的粉末则仍呈松散状，可作为工件和下一层粉末的支撑部分。当一层截面轮廓成型完成后，工作台就会下降一个截面层的高度，然后再进行下一层的铺料和烧结动作。如此循环往复，最终形成三维产品或模型。

由此可见，SLS 技术是采用激光束对粉末材料（如塑料粉、金属与粘结剂的混合物、陶瓷与粘结剂的混合物、树脂砂与粘结剂的混合物等）进行选择性的激光烧结工艺，它是一种由离散点一层层堆积，最终成型为三维实体模型的快速加工技术。

（二）SLS 快速成型系统的组成

SLS 快速成型系统主要由主机、计算机控制系统和冷却器三部分组成。

1. 主机　主要由机身与机壳、加热装置、成型工作缸、振镜式动态聚焦扫描系统、废料桶、送料工作缸、铺粉辊装置、激光器等组成。

（1）机身与机壳。此部分给整个 SLS 快速成型系统提供机械支撑及所需的工

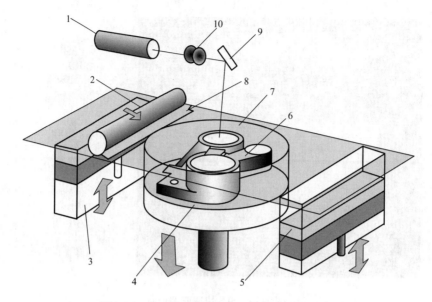

图 2-20　SLS 快速成型系统的工作原理示意图

1—激光器　2—铺粉辊　3—供粉辊　4—工作缸　5—收粉缸
6—原型制件　7—未烧结粉末　8—铺粉　9—扫描镜　10—聚焦镜

作环境。

（2）加热装置。此部分为送料装置和工作缸中的粉末提供预加热。

（3）激光器。提供烧结粉末材料所需的能源。当前激光器主要有两种：Nd-YAG 激光器和 CO_2 激光器。Nd-YAG 激光器的波长为 $1.06\mu m$，CO_2 激光器的波长为 $10.6\mu m$。一般情况下，塑料粉末的烧结选用 CO_2 激光器，金属和陶瓷粉末的烧结采用 Nd-YAG 激光器。

（4）成型工作缸。成品零件的加工是在工作缸中完成的。工作时，工作缸每次下降一个层厚的距离，如此循环往复。待零件加工完后，工作缸升起，取出制件，然后再为下一次的零件加工做准备。

（5）振镜式动态聚焦扫描系统。此系统由 X-Y 扫描头和动态聚焦模块组成。X-Y 扫描头上的两个镜子能将激光束反射到工作面预定的 X-Y 坐标平面上。动态聚焦模块通过伺服电动机的控制，可调节 Z 方向的焦距，使得反射到 X、Y 坐标点上的激光束始终聚焦在同一平面上。动态聚焦扫描系统和激光器的控制始终保持同步。

（6）废料桶。用于回收铺粉时溢出的粉末材料。

（7）送料工作缸。提供烧结所需的粉末材料。

（8）铺粉辊装置。此装置包括铺粉辊及其驱动系统，作用是均匀地将粉末材料平铺在工作缸上。

2. 计算机控制系统　由计算机、应用软件、传感检测单元和驱动单元组成。

（1）计算机。由上位机和下位机两级控制组成。其中，上位机是主机，一般采用配置高、运行速度快的计算机完成三维 CAD 数据的处理任务；下位机是子机，为执行机构，进行成型运动的控制工作，即机电一体的运动控制。通过特定的通信协议，主机和子机进行双向通信，构成并联的双层系统。

（2）应用软件。主要包括下列几部分软件：①切片模块：STL 文件和直接切片文件两种模块；②数据处理：识别 STL 文件及重新编码；③工艺规划：烧结参数、扫描方式和成型方向等的设置；④安全监控：设备和烧结过程故障的诊断、自动停机保护等。

（3）传感检测单元。此部分包括温度和工作缸升降位移传感器。温度传感器用来检测工作腔、送料筒粉末的预加热温度，以便进行实时的温度监控。

（4）驱动单元。主要控制各电动机完成铺粉辊的平移和自转、工作缸上下升降和动态聚焦扫描系统各轴的驱动。

3. 冷却器　此部分由可调恒温水冷却器、外管路组成，用于冷却激光器及提高激光能量的稳定性。

二、SLS 快速成型工艺过程

SLS 技术是利用各种粉末状材料进行快速成型，其大致的工艺过程是：首先将粉末材料铺覆在工作台面上，然后刮平；用 CO_2 激光器在刚铺的粉末层上扫描出事先设定好的零件截面轮廓；经过扫描的粉末材料在高强度的激光照射下被烧结在一起，得到零件的一个截面层，并与下面已成型的截面轮廓部分相粘结；当一层截面烧结完后，再铺上新的一层粉末，然后再进行下一层截面轮廓的烧结工作；如此循环往复，最终成型成品或模型。SLS 成型的工艺过程如图 2-21 所示。其具体工艺主要由以下两个过程组成：

（一）离散处理

首先，在计算机上创建出三维 CAD 数据模型，或通过逆向工程系统得到所需的三维实体图形文件，再将其转换成 STL 的文件格式。用离散软件从 STL 文件离散出一系列实现设定好的、具有一定厚度的有序片层，或者直接从三维 CAD 数据文件中进行切片。这些离散的片层按一定的次序累积叠加后，仍是所设计的三维零件实体形状。然后，再将这些离散的切片数据传输到 SLS 成型设备中，SLS 成型机中的扫描器就会在计算机信息的控制下逐层进行扫描和烧结工作。

（二）叠加成型

SLS 成型系统的主要结构是在一个封闭的成型室中安装两个缸体活塞机构。其中一个用于供粉，另一个用于粉末的烧结成型。在成型开始前，先用红外线板将粉末材料加热至低于烧结点的某一温度。在成型开始时，供粉缸内活塞上移一定的层厚，然后铺粉辊将粉料均匀地铺覆在成型缸加工表面上，接着激光束在计算机的控制下，以给定的速度对每一层给定的信息进行扫描。激光束扫过之处，粉末便会被烧结和固化成给定厚度的片层，未烧结的粉末则被用来作为支撑，零件

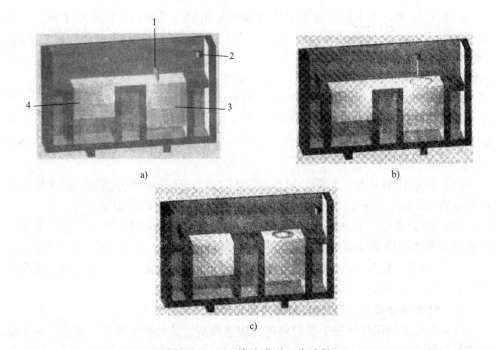

图 2-21　SLS 快速成型工艺过程
a) SLS 快速成型装置构成　b) 扫描　c) 一层加工完毕
1—刮板　2—激光器　3—废料粉工作台　4—原料粉工作台

的某一层便制作出来。然后，成型缸活塞再下移一事先设定的距离，供料缸活塞上移，铺粉辊再次铺粉，激光束再按该层的截面信息进行扫描，所形成的这一片层被烧结，同时固化在前一层上。如此循环往复，逐层叠加，最终加工制造出三维实体模型或样件。

SLS 成型技术与前面讲到的 SLA 技术基本相同，只是将 SLA 使用的液态树脂材料换成了在激光照射下可以烧结和固化的粉末材料。

三、SLS 成型技术

目前，SLS 技术用的原材料一般为粉末，可选用的粉末有金属粉、塑料粉、陶瓷粉等，可分别制造出相应材料的产品原型或零件。

（一）金属粉末烧结技术

若材料为金属粉末，则可直接烧结成金属原型零件，但是金属粉末烧结的零件在强度和精度上都很难达到所需的外观。SLS 技术用金属粉末大致有三种：单一金属粉末、金属粉加有机物粉末、金属混合粉等。以下简单介绍三种金属粉末的烧结技术。

1. 单一金属粉末的烧结技术　先将粉末预热到一定温度，再用激光束扫描与烧结，然后将烧结好的产品制件经热等静压处理，从而使最后零件的相对密度达到 99.9%。

2. 金属粉末与有机粘结剂粉末的混合体的烧结技术　首先将金属粉末与有机粘结剂粉末按一定比例均匀混合；再使用激光束对其进行扫描，使有机粘结剂熔化并与金属粉末粘结在一起，如铜粉和 PMMA（有机玻璃）粉的混合体；然后将烧结好的产品制件经高温等后续处理，去除产品制件中的有机粘结剂，从而提高制件的力学强度和耐热等物理性能，并增加成品制件内部组织的均匀性。

3. 金属混合粉末的烧结技术　金属混合粉末主要是两种金属的混合粉末。两种金属粉末的熔点应该不相同，如青铜粉和镍粉的混合粉。其烧结工艺是首先将金属混合粉末预热到某一温度，然后用激光束进行扫描，此时低熔点的金属粉末（如青铜粉）被熔化，并与难熔的镍粉粘结在一起，然后再将烧结好的产品经液相烧结等后处理工序，从而使成品的相对密度可达到82%。

（二）塑料粉末烧结技术

SLS 技术采用直接激光烧结一次成型，烧结好的产品制件无需进行后续处理。其工艺过程是将塑料粉末预热至稍低于其熔点，再采用激光束加热粉末，使其达到烧结温度，进而将粉末材料烧结在一起得到成品制件。

（三）陶瓷粉末烧结技术

SLS 技术烧结用陶瓷材料需在粉末中加入粘结剂。现在所用的陶瓷粉末原料主要有 Al_2O_3 和 SiC，粘结剂有金属粘结剂、有机粘结剂和无机粘结剂三种。例如，SLS 烧结的 Al_2O_3 陶瓷粉末含有以下几种成分：Al_2O_3 陶瓷粉加金属粘结剂 Al 粉、Al_2O_3 陶瓷粉加有机粘结剂甲基丙烯酸甲酯、Al_2O_3 陶瓷粉加无机粘结剂磷酸二氢铵粉等。

采用陶瓷材料烧结的 SLS 模型制件可以直接用于生产各类铸件或是复杂的金属零件，多用于铸造型壳的加工制造。例如，用反应性树脂包覆的陶瓷粉末为原料进行烧结，型壳部分成为烧结体，零件部分不属于扫描烧结的区域，所以仍是未烧结的粉末。将壳体内部粉末清除干净后，在一定的温度下，使烧结过程中未完全固化的树脂进行充分固化，得到最终型壳。将制得的成型件进行功能测试可知，型壳制件在透气性、强度、发气量等方面的指标均能满足要求，但表面粗糙度值还需降低。

采用陶瓷粉末烧结制成的 SLS 模型制件的精度是由激光烧结时以及后续处理时的精度所决定的。在 SLS 粉末烧结过程中，其扫描点间距、扫描线行间距、粉末收缩率、烧结所需时间及光强等因素都会对陶瓷制件的精度有很大影响。另外陶瓷制件的后续处理（如焙烧时产生的变形、收缩等）也会影响陶瓷制件的表面精度。

四、SLS 烧结件的后处理

由于 SLS 技术激光烧结速度很快，粉末经烧结熔融后还未相互充分扩散和融合就开始粘结，因此在一般情况下，原型制件的密度最大能达到实体密度的

60%～70%，这将大大影响原型制件的强度。提高原型制件的强度可采用一些后处理工艺，如熔浸和浸渍、热等静压烧结、高温烧结等。

　　根据不同材料坯体和不同的制件性能要求，可以采用不同的后处理工艺。例如，采用金属粉末烧结的制件可以放到加热炉内进行加热后处理，在粘结剂烧尽后，金属粒子便在烧结的同时紧紧地相互粘结在一起了。

　　DTM 公司用 Rapid Tool™ 专利技术，在 SLS 工艺系统 Sinterstation2000 上，将 Rapidsteel 粉末，即钢质微粒外包裹一层聚酯进行激光烧结；得到模具后，将其放在聚合物的溶液中浸泡一定时间，再放入加热炉中加热使聚合物蒸发；接着进行渗铜处理，出炉后打磨并嵌入模架。图 2-22 所示为采用上述加工工艺制作的高尔夫球头的模具及产品。

图 2-22　采用 SLS 工艺制作高尔夫球头模具及产品

五、SLS 技术的优缺点及应用举例

（一）SLS 技术的优点

1. 可采用多种材料　SLS 技术可采用加热时黏度降低的任何一种粉末材料，通过材料或添加粘结剂的涂层颗粒经激光烧结可制造出任何产品或模型，以适应不同的产品与模型需求。与其他快速成型工艺相比，SLS 成型技术能够制作硬度较高的金属原型或模具，它是快速制模和直接金属制造的重要手段，应用前景广阔。SLS 成型技术开发的产品如图 2-23、图 2-24 所示。

图 2-23　SLS 成型工艺开发的产品（一）

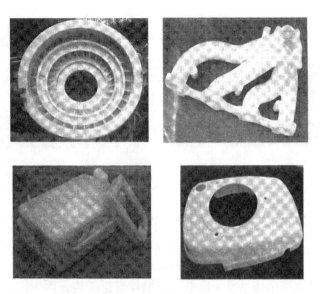

图 2-24　SLS 成型工艺开发的产品（二）

2. 制造工艺比较简单　由于 SLS 成型技术可用多种粉末材料，激光烧结可直接生产复杂形状的产品原型、型模或零部件，因此 SLS 成型技术能广泛应用于工业产品设计当中，如可用于制造概念原型，也可作为最终产品模型、熔模铸造及少量母模的生产，或直接制造出金属注射模等。

此外，将 SLS 技术与精密铸造工艺相结合，可以整体加工制造出具有复杂形状的金属功能零件，而不需复杂工装及模具，因此可大大提高制造速度和降低制造成本。图 2-25 所示为采用快速无模具铸造方法制作的产品。

图 2-25　快速无模具铸造方法制作的产品

图 2-26 所示为采用 SLS 技术快速制作的内燃机进气管模型，它可直接与相关零部件一起安装，进行功能测试与验证，快速检测内燃机的运行效果以及评价设计的优劣，以便进行针对性的改进，从而达到内燃机进气管产品的设计要求。图 2-27 所示为采用 SLS 技术直接制作的功能性零件。

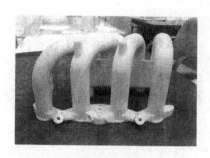

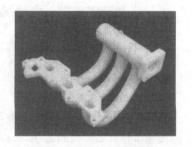

图 2-26　采用 SLS 技术快速制作的　　　　图 2-27　采用 SLS 技术直接
　　　　内燃机进气管模型　　　　　　　　　　　制作的功能性零件

3. 高精度　制件的精度取决于所使用的粉末材料的种类和颗粒大小、产品模型的几何形状以及复杂程度。粉末材料的颗粒直径越小，则采用 SLS 技术制作的制件的精度就越高。一般情况下，SLS 技术能够达到的公差范围在 0.05 ~ 2.5mm 之间。

4. 无需设计支撑结构　SLS 技术无需设计支撑结构，因为在层与层的叠加过程中，出现的悬空层面部分可直接由未烧结的粉末来辅助支撑。

5. 材料利用率高　由于 SLS 技术不需要支撑结构，也不像有些成型工艺会出现许多废料，更不需要制作基底支撑，因此在众多快速成型工艺中，SLS 技术的材料利用率是最高的，几乎是 100%，且 SLS 技术用的大多数粉末的价格都比较便宜，所以其模型的制作成本较低。

6. 工件翘曲变形　SLS 技术所制成的工件的翘曲变形比 SLA 技术制成的制件要小，也无需对原型进行校正。

（二）SLS 技术的缺点

1. 耗时　SLS 技术在加工前，通常需要花费 2h 左右的时间将粉末加热到接近粘结的熔点，且原型制件加工完毕之后还需要花费 5 ~ 10h 的时间进行冷却，才能将原型制件从粉末缸中取出。

2. 后处理过程较为复杂　由于 SLS 技术的原材料是粉末状的，原型制件的加工是由粉末材料经过加热熔化来实现逐层粘结的，制得的原型制件表面呈颗粒状，因此表面质量不好，需进行必要的后处理。例如，烧结陶瓷、金属原型后，需将原型制件置于加热炉中，烧掉其中附带的粘结剂，再在孔隙中渗入一些填充物，如渗铜。因此，SLS 技术后处理过程较为复杂。

3. 烧结过程中有异味　由于 SLS 技术中的粉末粘结是采用激光使其加热至熔化状态，因此这些高分子材料在激光烧结熔化时通常会挥发出异味。

4. 设备价格较高　为保证 SLS 技术使用安全，需对加工室充氮气，从而增加了该设备的使用成本。

六、SLS 技术的研究现状

目前研究 SLS 技术及设备的机构和单位有：DTM 公司、EOS 公司、3D System

公司、华中科技大学、中北大学（原华北工学院）和南京航空航天大学、北京隆源公司等。

3D System 公司推出的 Sinterstation HiQ 系列产品采用智能温控系统，提高了造型质量并缩短了后处理时间，充分提高了材料的利用率。另外，该公司推出的 Sinterstation HS 系列产品的激光器功率为 100W，激光传输系统成型速度是 Sinterstation HiQ 产品的 1.8 倍，其成型材料种类较多，热塑料粉末、金属粉末、热橡胶粉末和高分子复合材料粉末等都可用于加工成型。

近期，北京隆源公司在推出 AFS-300 成型机以后，又推出了 AFS-320、AFS-450 等成型机型。其中 AFS-320 成型设备的主机与电控柜结构可进行拆分，并且一次成型制件的尺寸最大可达 320mm×320mm×440mm。AFS-450 成型设备的主机采用紧凑型结构，电控单元则采用新结构设计，并与成型室合为一体，采用外挂式操作显示平台，其一次成型尺寸可达 450mm×450mm×500mm。北京隆源公司推出的成型设备的最大特点是可成型尺寸大的制件，成型速度快，并且可成型塑料件、蜡模、树脂砂等。

华中科技大学开发出的 HRPS-Ⅰ型成型设备可用于铸造中砂型，HRPS-Ⅲ型成型机则用于高分子粉末成型。目前又推出几款机型，其独特的优点是具有双送料桶的送粉系统，这可使烧结时间大大缩短，最大成型空间可达 500mm×500mm×400mm，激光最大扫描速度可达 4m/s，并且可用多种粉末材料成型，如多种高分子粉末、金属粉末、陶瓷粉末和覆膜砂等。

目前，成熟的 SLS 技术所用的粉末材料为蜡粉和塑料粉。DTM 公司为主要的 SLS 技术用粉末材料的研发商，每年都有多种新材料出现，其中采用 Dura Form GF 材料生产的产品制件精度更高，表面更光滑。该公司近期又开发出弹性聚合物 Somos 201 材料，它具有橡胶特性，并具有耐热和抗化学腐蚀性，用该材料可制造出汽车上的蛇型管以及门封、密封垫等一些防渗漏的柔性零件。采用 Rapid Steel 2.0 不锈钢粉制造的模具可生产出 10 万件注射件，并且此材料的收缩率只有 0.2%，其产品制件可达到较高的精度，几乎不需后续抛光等工序。此外，DTM 公司开发的 Polycarbonate、铜-尼龙混合粉末可用于制作小批量的注射模，采用这种材料制作的零件具有较高的精度。目前 DTM 公司在研制尼龙、聚碳酸酯、蜡等材料的基础上，主要研制和推出的是金属型粉末材料，现已制造出样品，在不久的将来就会实现商品化。

SLS 技术除了可以烧结陶瓷材料外，还可烧结塑料、聚合碳化物、尼龙、金属、蜡等粉末材料，并且在烧结这些材料时一般不用添加粘结剂，也无需后处理，因此利用 SLS 技术可以制造出高强度的模型或功能制件。近期在这方面研究取得较大进展的是德国 EOS 公司，其研发出了多种多功能成型材料，经 SLS 快速成型技术后可直接作为功能制件。例如，PrimePart FR 材料为阻燃聚酰胺粉，适合制作航空航天领域用零部件；PrimePart ST 材料为聚醚共聚酰胺粉，适合制作橡胶类柔韧弹性制件；PEEK HP3 由于具有优良的耐磨、抗菌（即生物兼容）性，能在医疗领域取代钛合金，在航空航天领域中制作轻结构和阻燃件等。图 2-28 所示为 EOS

公司近期研发生产的激光烧结成型机，分别可烧结金属粉末、陶瓷覆膜砂及石英砂、塑料等成型用材料。

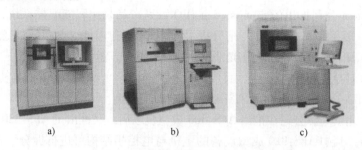

图 2-28　EOS 公司生产的激光烧结成型机
a）烧结金属　b）烧结覆膜砂　c）烧结塑料

　　为了提高 SLS 技术的成型效率，中北大学（原华北工学院）研发出了采用变长度线扫描来取代点扫描的技术，其技术原理如图 2-29 所示。在扫描镜的协助下，激光器发出的光束在光束变形和线束变长单元中扩大，再进入一对圆柱形透镜组成的转换系统中，在此系统中环形光束将进行转换，变成长而狭的光束；此光束在两个处于正交位置扫描镜的作用下，进行 X-Y 平面的扫描运动。上述的各种装置，如扫描镜、反射板、负圆柱透镜等都是由计算机依据截面层的几何信息来控制的。采用这种变长度线扫描技术，其快速成型的效率比之前的点扫描成型提高了几倍。

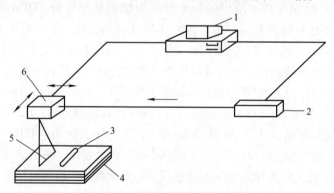

图 2-29　变长度线取代点扫描的技术示意图
1—计算机　2—激光器　3—铺粉辊
4—成型工件　5—激光束　6—光束与线速变形单元

第四节　熔丝堆积（FDM）成型技术

　　熔丝堆积（Fused Deposition Modeling，FDM）成型技术也称为熔融沉积制造、熔融挤出成型技术。FDM 技术是利用热塑性材料的热熔性、粘结性等特点，在计算机控制下，进行层层堆积叠加，最终形成所需产品或模型。FDM 技术的最大特点是不依靠激光成型能源，而是将成型材料熔融后堆积成三维实体模型的工艺方法。该技术最初由美国 Stratasys 公司在 20 世纪 90 年代初首次推出，并在 1999 年开发出水溶性支撑材料，后被广泛应用于 RP 的各行业中。

由于 FDM 快速成型技术不使用激光，因此设备使用、维护都简单，成本也较低。用蜡成型的零件模型，可以直接用于熔模铸造。用 ABS 丝制造的模型因其具有较高强度，在产品设计、测试、评估等方面得到了应用。近年来，PPSF、PC、PC/ABS 等强度较高的成型材料开发成功，使得该工艺可直接加工制造出功能性零件或产品。由于 FDM 技术具有以上这些显著优点，因此发展极为迅速，目前的 FDM 系统在全球快速成型系统中的份额占 30% 左右。

由于 FDM 技术用丝状材料，是依靠熔融状态下在工作空间中一层层堆积而成，因此在构建模型时也需要设计必要的支撑结构。Stratasys 公司随机附有支撑结构的生成软件，而且现在能采用水溶性丝材作为支撑结构的材料，待模型制件加工制作完成后，只要经过简单的水洗处理，就能方便地剥离支撑结构，从而大大简化了 FDM 技术的后处理过程，并且大大提高了模型的表面精度和表面质量。图 2-30 所示为 FDM Titan 型快速成型机的外观和工作原理示意图。

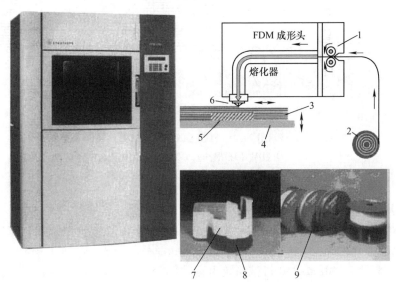

图 2-30　FDM Titan 型快速成型机的外观和工作原理示意图

1—电动机　2—原材料　3—原型　4—工作台　5—支撑
6—喷嘴　7—原型制件　8—支撑结构　9—原丝材

一、FDM 技术原理及系统组成

（一）FDM 技术原理

FDM 技术用材料一般为热塑性材料，如 ABS、蜡、PC、尼龙等都以丝状供料。丝状的成型材料和支撑材料都由供丝机构送至各自相对应的喷丝头，然后在喷丝头中被加热至熔融状态；此时，加热喷头在计算机的控制下，按照事先设定的截面轮廓信息做 X-Y 平面运动；与此同时，经喷头挤出的熔体均匀地铺撒在每一层的截面上。此时喷头喷出的熔体迅速固化，并与上一层截面相粘结。每一个层片都是在上一层上进行堆积而成，同时上一层对当前层又起到定位和支撑的作用。

随着层的高度增加，层片轮廓面积和形状都会发生一些变化，当形状有较大的变化时，上层轮廓就不能给当前层提供足够的定位与支撑作用，这就需要设计一些辅助结构（即"支撑"结构），这些支撑结构能对后续层提供必要的定位和支撑，保证成型过程的顺利实现。这样，成型材料和支撑材料就被有选择性地铺覆在工作台上，快速冷却后就形成一层层截面轮廓。当一层成型完成后，工作台就会下降事先设定好的一截面层的高度，然后喷头再进行下一层的铺覆，如此循环，最终形成三维实体产品或模型。具体的 FDM 原理如图 2-31 所示。

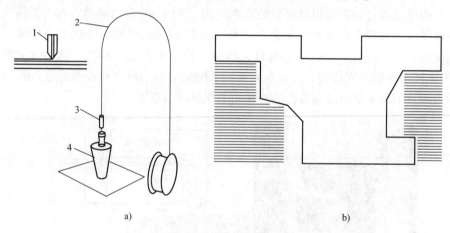

图 2-31　FDM 原理示意图

a) FDM 原理图　b) 原型制件与支撑

1—喷头　2—原丝　3—喷头　4—成型工件

（二）FDM 系统组成

以清华大学研制出的 MEM-250 为例，FDM 系统主要由机械系统、软件系统、供料系统三部分组成。

1. 机械系统　MEM-250 机械系统由运动部分、喷头装置、成型室、材料室和控制室等单元组成。机械系统采用模块化设计，各个单元之间相互独立。例如，运动部分完成扫描和升降动作，整套设备的运动精度由运动单元的精度所决定，与其他单元无关。因此，每个单元可以根据自身功能的需求采用不同的设计。此外，运动部分和喷头装置的精度要求较高。

机械系统的关键部件是喷头装置，现以上海富力奇公司研制出的 TSJ 系列快速成型设备为例介绍喷头的结构。如图 2-32 所示，沿 R 方向旋转的同一步进电动机驱动喷头内的螺杆与送丝机构，当计算机发出指令后，电动机驱动螺杆的同时，又通过同步齿形带传动，送料辊将 ABS 丝等丝束送入成型头。在喷头装置中，丝束被电热棒加热呈熔融状态，并在螺杆的推动下通过铜质喷嘴挤出，按照计算机给定的模型轮廓路径铺覆在工作台上。

2. 软件系统　FDM 工艺软件系统包括信息处理和几何建模两部分。信息处理部分包括 STL 文件的处理、工艺处理、图形显示等模块，分别完成 STL 数据的检验与修复、层片文件的设置与生成、填充线的计算、对成型机的控制等工作。其中，工艺处理部分是根据 STL 数据文件，判断在产品的成型过程中是否需要设置支撑和进行支撑结构的设计以及对 STL 数据的分层处理，然后再根据每一层填充路径的设计与计算，以 CLI 格式输出，并产生分层 CLI 文件。

几何建模部分是由设计师使用三维 CAD 建模软件（如 Pro-E、AutoCAD、SolidWorks 等）构造出产品的三维数据模型，或利用三维扫描测量设备获取的产品的三维点云数据资料，重构出产品的三维数据模型，最后以 STL 文件的格式输出产品的数据模型。

3. 供料系统　MEM-250 制造系统要求 FDM 的成型材料及支撑材料为直径 2mm 的丝束，而且丝束具有较低的收缩率和一定的强度、硬度以及柔韧性。一般的塑料、蜡等热塑性材料都可以使用。目前研制较成功的丝束有蜡丝和 ABS 丝。

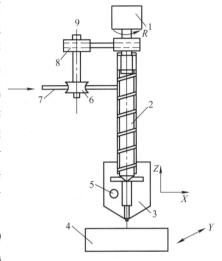

图 2-32　TSJ 系列快速成型系统
喷头结构示意图
1—电动机　2—螺杆成型头　3—喷嘴
4—工作台　5—电热棒
6—送料辊　7—原丝材
8—齿形带传动　9—送丝机构

将 ABS 等丝束材料缠绕在供料辊上，电动机驱动辊子旋转，辊子和丝束之间的摩擦力能使丝束向喷头的出口送进。喷头的前端部位装有电阻丝加热器，在其作用下，丝束被加热和熔融，然后流经喷嘴后铺覆至工作台上，冷却后就形成一层层的轮廓界面。由于受到喷嘴结构较小的限制，加热器的功率不大，FDM 所选用的丝束一般为熔融温度不太高的热塑性塑料或蜡。丝束熔融沉积的层厚随喷头的运动速度、喷嘴的直径而变化，通常铺覆的层厚为 0.15～0.25mm。

FDM 快速成型技术在制作模型制件的同时需要制作支撑结构。因此，为了节省材料成本和提高沉积的效率，可以设计出多个喷头。如图 2-33 所示，该 FDM 设备采用了双喷头装置，其中一个喷头用于制作模型制件，另一个喷头用于制作支撑材料。一般来说，用于制作模型制件的材料精细且成本较高，同时制作效率也较低；而用于制作支撑的材料较粗且成本较低，因此制作的效率也较高。双喷头的优点除了考虑到制作效率和成本以外，还可以灵活地、自己随意地进行选择一些特殊的支撑结构，以使得成型制件的外形更加完美。此外，还可以采用最近刚研制出的水溶性支撑材料，以便后处理过程中支撑材料可被简便、快捷地去除。

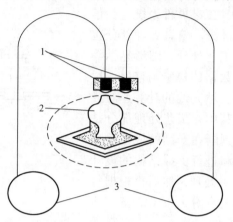

图 2-33　FDM 双喷头的工艺原理
1—喷嘴　2—原型制件　3—原丝材

二、FDM 工艺过程

如图 2-34 所示，FDM 的工艺过程大致可归纳成以下 6 步：

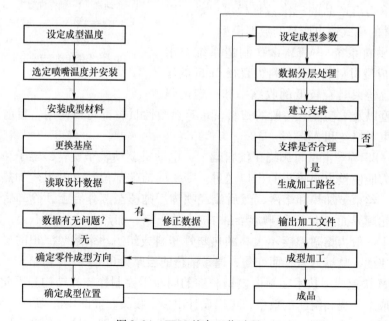

图 2-34　FDM 基本工艺过程

（1）读取产品的三维数据文件（目前常用的一般为＊.stl文件），并检查数据是否有问题，若有问题需修正数据。

（2）确定产品的成型区域、成型方向及摆放位置。

（3）设定成型参数，对产品的三维数据按确定的分层厚度进行分层处理，同时建立分层数据文件，目前一般为＊.cli文件。

（4）建立成型所需的支撑结构，同时检查支撑结构摆放的位置是否合理。

（5）生成加工路径，输出＊.cli等加工文件。

（6）自动成型加工。

如图2-35所示，以一按钮的快速制作过程为例，展示FDM具体的整个工艺过程。

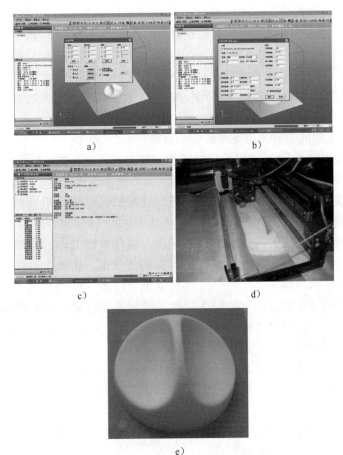

a)   b)

c)   d)

e)

图2-35　按钮FDM模型的加工制作过程

a）载入三维模型　b）模型的分层处理及支撑的设置　c）打印模型

d）喷头沿零件截面轮廓和填充轨迹运动　e）按钮FDM模型制件

三、FDM 技术及模型制件精度的影响因素

（一）材料性能及影响因素

FDM 材料的性能将直接影响模型的成型过程及成型精度。FDM 材料在加工工艺过程中要经历固体—熔体—固体的两次相变过程，因此在冷却成固体的过程中，材料会发生收缩，产生应力变形，这将直接影响成型制件的精度。例如，ABS 丝束在 FDM 的工艺过程中主要产生以下两种收缩：热收缩、分子取向的收缩。热收缩即材料固有的热膨胀率而产生的体积收缩，它是 ABS 丝束产生收缩的最主要原因。成型过程中，熔融状态下的 ABS 丝束在纵向上被拉长，又在冷却中产生收缩，而分子的取向作用会使 ABS 丝在纵向的收缩率大于横向的收缩率。

为了提高模型制件的成型精度，应减小 FDM 丝束的收缩率。目前有关单位正在研究通过改进材料的配方来实现较小的收缩率。在当前的数据处理软件中，可以采用在设计时就考虑收缩量，提前进行尺寸的补偿，即在 X、Y、Z 三个方向使用"收缩补偿因子"，针对不同的零件形状、结构特征，根据经验值来设定不同的"收缩补偿因子"（通过这种方法设计出的零件成型的实际尺寸稍大于 CAD 模型的尺寸）；然后当其冷却成型时，模型制件的尺寸就会按照预定的收缩量收缩到 CAD 模型的实际尺寸。

（二）喷头温度的恰当设定及影响因素

喷头温度决定了 FDM 材料的丝材流量、挤出丝宽度、粘结性能及堆积性能等。若喷头温度太低，材料黏度就会加大，则丝束的挤出速度变慢；若丝束流动太慢，则有时会造成喷嘴堵塞，同时丝束的层与层之间的粘结强度也会相应降低，有时甚至还会引起层与层之间的相互剥离。

此外，若喷头温度太高，材料趋于液态，黏性系数变小，流动性增强，则可能会造成挤出速度过快，无法形成可精确控制的丝束，在加工制作时可能会出现前一层的材料还未冷却成型，后一层材料就铺覆在前一层的上面，使得前一层材料可能会出现坍塌现象。因此，喷头温度的设定非常重要，应根据每种丝束的性质在一定范围内进行恰当选择，以保证挤出的丝束呈正常的熔融流动状态。

（三）挤出速度的合理选择与影响因素

挤出速度是指喷头内熔融状态的丝束从喷嘴挤出时的速度。在单位时间内，挤出的丝束体积与挤出速度成正比。若挤出速度增大，挤出丝的截面宽度就会逐渐增加，当挤出速度增大到一定值时，挤出的丝束就会黏附于喷嘴外圆锥面，形成"挤出涨大"现象，而在此情况下就不能正常地进行 FDM 成型工艺的加工。

（四）分层厚度的合理选择

分层厚度是指模型在成型过程中每一层切片截面的厚度，由此也会造成模型成型后的实体表面出现台阶现象，这将直接影响成型后模型的尺寸精度、表面粗糙度。对 FDM 快速成型工艺，由于分层厚度的存在，就不可避免台阶现象。通常情况下，分层厚度的数值越小，模型表面产生的台阶的高度就越小，表面质量就

越高，但所需的分层处理和成型时间就会相应延长，从而降低加工效率。反之，分层厚度的数值越大，模型表面产生的台阶的高度也就越大，表面质量就会越差，但加工效率相对较高。此外，为了提高模型制件的成型精度，可在模型制件加工完毕后进行一些后处理工序，如打磨、抛光等后处理。

（五）扫描方式的合理选择

FDM 成型方法中的扫描方式有多种，如回转扫描、偏置扫描、螺旋扫描等。回转扫描指的是按 X、Y 轴方向进行扫描与回转，回转扫描的特点是路径生成简单，但轮廓精度较差。偏置扫描指的是按模型的轮廓形状逐层向内偏置进行扫描，偏置扫描的特点是成型的轮廓尺寸精度容易保证。螺旋扫描指的是扫描路径从模型的几何中心向外依次扩展。

通常情况下，可以采用复合扫描方式，即模型的外部轮廓用偏置扫描，模型的内部区域填充用回转扫描，这样既可以提高表面精度，又可以简化整个扫描过程，也提高了扫描的效率。

四、FDM 成型工艺的应用举例

目前，FDM 工艺与技术已被广泛地应用于航空航天、家电、通信、电子、汽车、医学、机械、建筑、玩具等领域的产品开发与设计过程，如产品外观的评估、方案的选择、装配的检查、功能的测试、用户看样订货、塑料件开模前校验设计、少量产品的制造等，传统方法需几个星期、甚至几个月才能制造出来的复杂产品原型，用 FDM 成型工艺，无需任何刀具和模具，几个小时或一至两天即可完成。

（一）日本丰田公司的具体应用

日本丰田公司借助 FDM 技术制作轿车部分零部件的模具或母模，如右侧镜支架和四个门把手的母模，使得 2000 Avalon 车型的制造成本显著降低，四个门把手的模具成本降低了 30 万美元，右侧镜支架模具成本降低了 20 万美元。

FDM 在快速模具制作中用途相当广泛。最常用的方法是利用 FDM 制作出的快速原型来制造硅橡胶模具。例如，汽车电动窗和尾灯等的控制开关就可采用这种方法进行制造，或通过打磨过的 FDM 母模制得透明的氨基甲酸乙酯材料的尾灯玻璃，它与用铸造法或注射法制作的零件几乎没有任何差别。FDM 工艺为整个新式 2000 Avalon 车型的改进设计制造所节约的资金超过 200 万美元。

（二）福特公司的应用

福特公司常年需要制造部件的衬板，以往每种衬板改型要花费千万美元和 12 周时间制作必需的模具。现在新衬板部件的蜡靠模采用 FDM 制作，制作周期仅 3 天。采用 FDM 工艺后，福特汽车公司大大缩短了衬板的制作周期，而且显著降低了制作成本。如今，仅花 5 周时间和原来一半的成本，所制作的模具每月可生产 30000 套衬板。

（三）美国快速成型制造公司的应用

美国 Rapid Models 与 Prototypes 公司采用 FDM 技术为一生产厂商制作了玩具水

枪模型，如图 2-36 所示。借助 FDM 技术，通过将该玩具水枪多个零件一体制作模型，从而减少了传统制作模型的部件数量，同时也避免了焊接与螺纹连接等组装环节，大大缩短了该模型的制作时间。

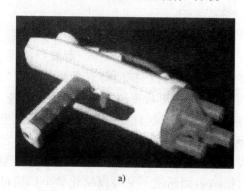

a)   b)

图 2-36　采用 FDM 技术制作玩具水枪

a）原型制件　b）产品的三维建模

（四）Mizunos 公司的应用

1997 年 1 月，Mizunos 美国公司开发一套新的高尔夫球杆，若采用传统的方法，一般需要 13 个月左右的时间才能完成，可借助 FDM 成型工艺，新的高尔夫球杆整个开发周期在 7 个月内就全部完成了，缩短了 40% 的时间。其具体流程是，在设计出新高尔夫球头后，迅速按照反馈意见进行修改，因而加快了模型造型阶段的设计验证；最后以制造出的 ABS 原型制件作为加工的基准，再在 CNC 机床上进行钢制母模的加工与制作。显然，FDM 成型工艺与相关技术已成为 Mizunos 美国公司在新产品研发过程中的重要组成部分。

（五）韩国现代汽车公司的应用

近几年，韩国现代汽车公司借助 FDM 快速成型系统进行检验设计、空气动力评估等功能测试，并在 Spectra 车型设计上得到了较为成功的应用。目前，现代汽车公司计划再安装第二套先进的 FDM 快速成型系统。图 2-37 所示为韩国现代汽车公司采用 FDM 技术制作的汽车仪表盘。

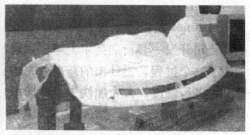

图 2-37　韩国现代汽车公司采用 FDM 技术制作的汽车仪表盘

除了上述各大公司的具体应用外，FDM 技术在其他领域的应用也是十分广泛的，尤其是在工业产品等方面的应用相当普及。图 2-38 ~ 图 2-42 所示分别为采用 FDM 技术制作的彩色原型制件、龙图腾艺术品、健身球、侗族鞋及满族鞋等模型。

图 2-38　FDM 彩色原型制件

图 2-39　FDM 龙图腾艺术品　　　　　　　　图 2-40　FDM 健身球

图 2-41　FDM 满族鞋　　　　　　　　　图 2-42　FDM 侗族鞋

五、FDM 技术的特点及研究现状

（一）FDM 技术具有的显著优点

1. 成型材料广泛　FDM 技术所用材料多种多样，主要有 ABS、石蜡、人造橡胶、铸蜡和聚酯热塑性塑料等低熔点材料，以及低熔点金属、陶瓷等的丝材，可用于直接制作金属或其他材料的模型制件或用 ABS 塑料、蜡、尼龙等制造零部件。ABS 塑料制件的翘曲变形小，采用石蜡制得的石蜡原型能直接制造精铸蜡模（可用于熔模铸造工艺生产金属件）。此外，原材料丝材基本上是以盘卷的形式提供，便于搬运和快速更换。

2. 成本相对较低　由于 FDM 技术用熔融加热装置代替了激光器，因此与使用激光器的快速成型工艺方法相比，其制作费用大大减低。此外，原材料的利用率较高且无污染（成型过程中无化学反应），使得其成型成本大大降低。

3. 后处理简单　支撑结构容易剥离，特别是模型制件的翘曲变形较小，原型经简单的支撑剥离后即可使用。目前出现的水溶性支撑材料使得支撑结构更易剥离。

此外，FDM 技术还有以下优点：用石蜡成型的原型制件可以直接用于熔模铸造；能成型任意复杂外形曲面的模型制件，常常用于成型具有很复杂的内腔结构的零件；可直接制作出彩色的模型制件。ABS 材料由于具有较好的化学稳定性，能采用 γ 射线进行消毒，因此特别适合用于制作医用模型。

（二）FDM 技术存在的缺点

（1）只适合制作中、小型模型制件。

（2）成型件的表面有较明显的一层层条纹。

（3）纵向方向的强度比较弱。由于丝材是在熔融状态下一层层铺覆的，截面轮廓层之间的粘结力有限，因此原型制件的垂直方向的强度较弱。

（4）成型速度较慢。FDM 工艺需设计、制作支撑结构，并且需对整个轮廓截面进行扫描和铺覆，因此成型时间较长。为尽量避免这一缺点，可采用双喷头同时铺覆或增加原型制件层厚等方法，来提高成型速度和成型效率。

（三）FDM 的研究现状

材料性能的研究一直是 FDM 技术的主要研究重点。近年来研制出的 PC、PC/ABS、PPSF 等材料的强度已经接近或超过了普通注射件，能在某些特定场合进行试用、维修、暂时替换等。近年来，许多公司都在进行金属材料的研究工作，这也是当今快速原型领域的一个研究热点。

目前，为了增加 FDM 所用材料的多样化和复合化，改进原有的容易出现问题且需经常更换的送丝机构，以及提高 FDM 的成型精度等，出现了气压式 FDM 工艺，其成型系统示意图如图 2-43 所示。它与传统的 FDM 工艺最大的不同点在于，其借助空气压缩机提供的压力将具有一定温度的低黏性材料（可以根据需要进行多种材料的组合）由喷头挤出，并逐层扫描堆积成型。

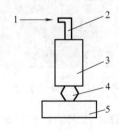

图 2-43　气压式 FDM 系统示意图
1—压缩气体　2—压力控制管道　3—材料及加热装置　4—成型制件　5—工作台

此工艺与传统的 FDM 工艺相比，具有设备成本低、材料广泛且无污染等优点。但由于其喷嘴孔径较小，对材料的含杂质率有一定的要求，因此还有待于进一步改进与完善。

FDM 技术与其他几种常见的快速成型技术的比较见表 2-3。

表2-3　FDM 技术与其他几种常见的快速成型技术的比较

指标性能	SLA 工艺	LOM 工艺	SLS 工艺	FDM 工艺
成型速度	较快	快	较慢	较慢
原型精度	高	较高	较低	较低
制造成本	较高	低	较低	较低
复杂程度	复杂	简单	复杂	中等
零件大小	中小件	中大件	中小件	中小件
目前常用材料	光敏树脂、热固性塑料等	塑料、薄膜、纸、金属箔等	金属、陶瓷、石蜡、塑料等粉末	ABS、石蜡、尼龙、低熔点金属等

第五节　分层实体制造（LOM）技术

分层实体制造（Laminated Object Manufacturing，LOM）技术，又称叠层实体制造、薄形材料选择性切割等，是目前较为成熟的快速成型制造技术之一。LOM 技术和设备最早由美国 Helisys 公司于 1991 年推出，并得到迅速发展。其最具有代表性的产品是 LOM 2030H 型快速成型机，如图 2-44 所示。目前，较常用的设备主要有 Helisys 公司的 LOM 系列，以及新加坡 Kinergy 公司的 ZIPPY 型成型机等。

目前，LOM 技术采用薄片型材料（如纸、塑料薄膜、金属箔等），通过计算机控制激光束，按模型的每一层的内外轮廓线进行切割，得到该层的平面轮廓形状，然后逐层堆积成零件原型。在堆积过程中，层与层之间以粘结剂粘牢，因此所成型的模型的最大特点是无内应力且无变形，成型速度较快，制件精度高，不需支撑和成本低廉等，而且制造出来的产品原型具有一些特殊的品质（如外在的美感），从而受到了较为广泛的关注和应用。

一、LOM 快速成型原理及系统组成

（一）LOM 快速成型原理及工艺过程

LOM 设备及工艺原理如图 2-45 所示。首先将产品模型的三维 CAD 数据输入 LOM 成型系统中，用系统中的切片软件对模型进行层层切片，得到产品在高度方向上多个横截面的轮廓线；再由计算机系统发出指令，步进电动机带动主动辊芯转动，进而带动纸卷转动，同时在工作台面上自右向左移动预定的距离；工作台升高至切割位置；热压辊自左向右滚动，对工作台上面的纸以及涂敷在纸下表面的热熔胶进行加热与加压，使纸粘于基底上；激光头依据预先设定好的分层截面

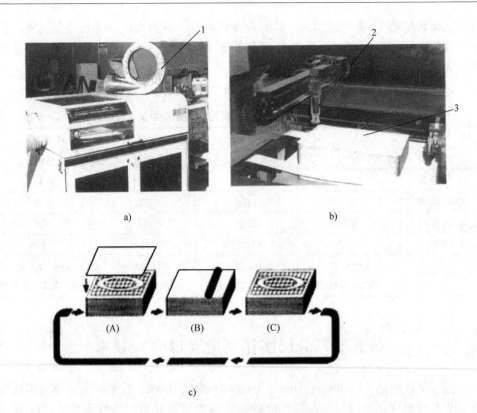

a)　　　　　　　　　　　　　　　b)

c)

图 2-44　LOM 2030H 型快速成型机

a) LOM 设备　b) LOM 工作室　c) LOM 工艺过程

1—涡轮鼓风机制件　2—激光头　3—原型制件

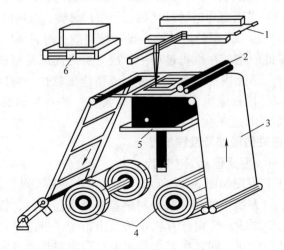

图 2-45　LOM 设备及工艺原理图

1—激光器　2—热粘压机构　3—纸　4—原材料送进机构　5—工作台　6—计算机

轮廓线进行逐层切割纸的工作。然后，工作台以及被切出的轮廓纸层下降至一定的高度，步进电动机驱动主动辊再次沿逆时针方向进行转动。如此循环往复，直至最后一层轮廓被切割与粘合完毕。

图 2-46 所示为采用 LOM 技术进行切割的某一层切割平面。同时将轮廓线外部的纸切割成一个个小方网格，以便模型成型后快速剥离。

最后，从工作台上取下加工好的长方体块，再用小锤敲打，使部分由小网格构成的小立方块废料与产品模型分离开来，或用小刀从模型上剔除残余的小废料块，即可获得三维实体模型。图 2-47 所示为 LOM 工艺成型过程示意图。

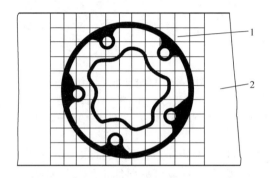

图 2-46　LOM 技术进行切割的某一层切割平面
1—废料　2—原材料（纸）

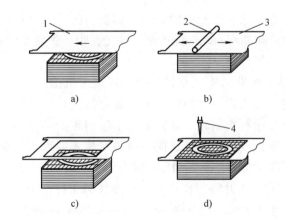

图 2-47　LOM 工艺成型过程示意图
a）叠加一层新材料　b）热粘压　c）工作台下降　d）激光线切割
1—原材料　2—热粘压机构　3—新一层原材料　4—激光束

（二）LOM 快速成型系统的组成

LOM 快速成型系统由计算机及控制软件、激光切割系统、原材料存储及送料机构、可升降工作台、热粘压机构等组成，如图 2-48 所示。

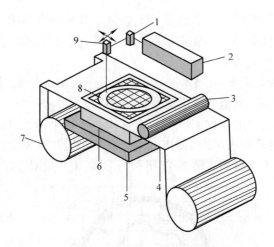

图 2-48　LOM 工艺系统组成

1—聚焦镜　2—激光器　3—热压辊　4—供纸机构　5—工作台
6—原型制件　7—收纸机构　8—原型制件的某一层　9—激光头

1. 计算机及控制软件　LOM 系统配有三维数据分层处理软件，可接受 *.stl
数据格式，并可将 *.stl 数据处理成可分层加工的二维数据格式。

2. 激光切割系统　激光切割系统由 CO_2 激光器、激光头、电动机、外光路等
组成。激光器功率一般为 20 ~ 50W。激光头在 X-Y 平面上由两台伺服电动机驱动
做高速扫描运动。为了保证激光束能够恰好切割当前层的材料而不损伤已成型的
部分，激光切割速度与功率自动匹配控制。外光路由一组集聚光镜和反光镜组成，
切割光斑的直径范围是 0.1 ~ 0.2mm。

3. 原材料存储及送进机构　原材料存储及送进机构由直流电动机、摩擦轮、
原材料存储辊、送料夹紧辊、导向辊、废料辊等组成。原料纸套在原材料存储辊
上，材料的一端经过送料夹紧辊、导向辊粘于废料辊上。送料时，送料电动机沿
逆时针方向旋转一定角度，带动纸料向左前进所需要的距离。在完成当前层的铺
覆加工后，送料机构就会重复上述动作，敷设下一层材料。

4. 可升降工作台　可升降工作台用于支撑模型工件。每完成一层加工，工作
台在数控系统的控制下就会自动下降一个 0.1 ~ 0.2mm 的层厚。

5. 热粘压机构　热粘压机构由热压板、温控器及高度检测器、步进电动机、
发热板、同步齿形带等组成。热压板上装有大功率发热元件。温控器包括温度传
感器和控制器。当送料机构铺覆完一层纸材后，热压机构就会对工作台上方的材
料进行热加压，其目的是为保证上下层之间完全粘结。

二、分层实体制造的后处理

从 LOM 快速成型设备上取下的原型制件是埋在叠层块当中的，必须剔除外部、
内部废料及支撑结构等。其主要后处理工艺过程如下：

（一）废料的去除

废料的去除是将 LOM 工艺中产生的废料及支撑结构与原型制件进行分离。网格状废料通常需要采用手工剥离的方法在成型后剥离。图 2-49 所示为 LOM 后处理的具体步骤。

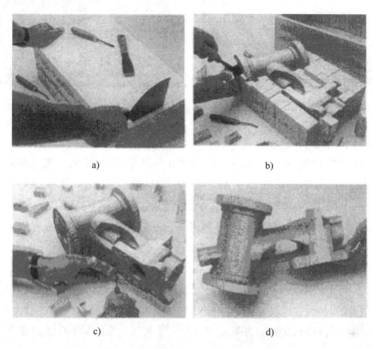

图 2-49　LOM 后处理的具体步骤

a）从制块中起出原型制件　b）剔除外部废料　c）剔除内部废料　d）原型制件

（二）模型表面的后处理

为了使原型制件的表面质量以及机械强度等性能满足用户的需要，在确保其尺寸稳定性、精度等方面满足要求外，还需对原型制件的外表面进行打磨、修补、涂漆防潮等后处理工序。例如，当工件表面有小缺陷需修补时，可用热熔塑料、乳胶与细粉料调和成的腻子或湿石膏进行填补，再用砂纸或打磨机打磨和抛光。

当成型工件上有些小而较薄弱的特征结构时，可先在它们的表面涂覆一层增强剂，然后再进行打磨和抛光工序；或先将这些薄弱部分从工件上取下，待打磨和抛光等后处理工序完成后，再用强力胶或环氧树脂将其粘结和定位。

当受到快速成型机最大成型尺寸的限制而无法制作大工件时，可先将这些大型工件的三维模型划分为若干个可制作的小模型，将这些小模型分别进行成型后，在这些小模型的结合部位制作出定位孔，再用定位销和强力胶进行连接，组合成一整体工件。

图 2-50 所示为经后处理的某电器上壳木质 LOM 原型制件。

图 2-50　　经后处理的某电器上壳木质 LOM 原型制件

三、LOM 成型技术的应用及举例

LOM 成型技术自美国 Helisys 公司于 1986 年研制开发以来，在世界范围内得到了广泛的应用。它虽然在精细产品和塑料件等方面不及 SLA 具有优势，但在比较厚重的结构件模型、实物外观模型、砂型铸造、快速模具母模、制鞋业等方面，其应用具有独特的优越性，并且 LOM 技术制成的制件具有很好的切削加工性能和粘结性能。LOM 技术主要用于以下几个方面：

（一）产品模型的制作

（1）可直接制作纸质功能制件，用于新产品研发中工业造型的结构设计验证及外观评价。

（2）利用材料良好的粘结性能，可制作较大尺寸的模型制件，也可制作复杂的薄壁型制件。

（3）借助真空注射制造硅橡胶模具，试制少量的新产品。

（二）快速模具的制作

（1）采用 LOM 技术制件与转移涂料技术，制作铸件和铸造用金属模具。

（2）采用 LOM 技术制作铸造用消失模。

（3）可制造石蜡件的蜡模、熔模精密铸造中的蜡模。

LOM 原型用作功能构件或代替木模，能满足一般性能要求。若采用 LOM 原型作为消失模，进行精密熔模铸造，则要求 LOM 原型在高温灼烧时发气速度要小，发气量及残留灰分等也要求较少。此外，采用 LOM 原型直接制作模具时，还要求其片层材料和粘结剂具有一定的导热和导电等性能。

（三）几个 LOM 原型制件具体应用的例子

1. 汽车车灯　随着汽车制造业的飞速发展，目前车型更新换代的周期在不断地缩短，导致对整车配套的各主要零部件的设计也提出了更高的要求，如汽车车灯组件的设计除了要求其内部结构满足装配和使用要求外，其外观的设计也必须要与整车的外形完美与协调。

快速成型技术的出现，非常好地迎合了车灯结构与整车外观开发的需求。

图 2-51 所示为某车灯配件公司为国内一大型汽车制造厂开发的轿车车灯 LOM 原型制件。采用 LOM 成型技术，大大提高了该组车灯的开发效率以及成功率。

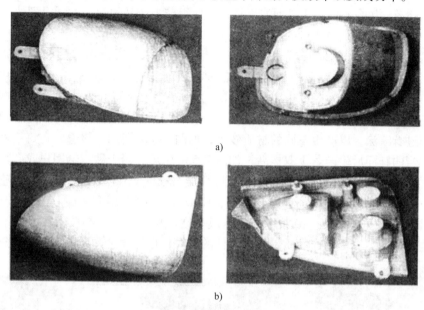

a)

b)

图 2-51 某轿车车灯的 LOM 原型

a）轿车前照灯 b）轿车后组合灯

2. 铸铁手柄 某机床设备的一操作手柄为铸铁件，若采用人工方式制作砂型铸造用的木模，既费时，加工精度又难以保证。若采用 LOM 成型技术，则可先将具有复杂曲面形状的手柄进行三维设计，然后直接快速制作出用于砂型铸造的木模。这既克服了人工制作的局限和困难，又大大缩短了新产品的研发与生产周期，同时也提高了产品的精度和质量。图 2-52a、b 所示分别为铸铁手柄的 LOM 原型和三维 CAD 模型。

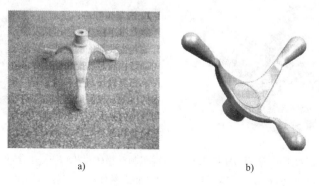

a) b)

图 2-52 铸铁手柄的 LOM 原型和三维 CAD 模型

a）铸铁手柄 LOM 原型 b）铸铁手柄三维 CAD 模型

3. 在制鞋业中的应用 当前，无论是国际还是国内，制鞋业的竞争日益激烈，美国 Wolverine World Wide 公司却一直保持着良好的销售业绩，因为该公司一直使用 Helysis 公司的 LOM 快速成型加工技术，使得鞋类产品的款式不断得到快速的更新，并能为顾客提供高质量的新产品。

Wolverine 的设计师们首先根据市场和用户的需求，设计出鞋底和鞋跟的三维 CAD 数据模型（见图 2-53a），再进行各种材质的渲染。这种三维高品质的图像，使得新产品可以在研发过程中完成第一次的筛选工作。然后再进行 LOM 实物模型的制作，得到外观是木质的鞋底和鞋跟。为了使模型看起来更真实，可在 LOM 模型表面进行喷涂，以产生不同的材质效果，如图 2-53b 所示。接着，在每一种鞋底配上适当的鞋面后生产若干双样品，如图 2-53c 所示，用于展示给用户或商家。最后，再根据所反馈的意见，借助计算机对鞋样的三维 CAD 数据模型进行快速地修改，直到用户满意为止。一旦设计通过，CAD 中的数据便可用于批量的生产与制造模具。因此，这种将 CAD 技术与快速成型技术相结合的高端技术可显著缩短产品的生产周期，在提高产品质量及可靠性的同时，也提高了系列模型的可重复性。

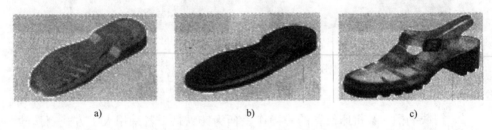

a)   b)   c)

图 2-53　Wolverine World Wide 公司鞋类产品开发

4. 功能试验件及母模的制作 目前，LOM 成型技术在汽车制造业中的研发和试制过程中应用广泛，如用于各种原型、功能试验件及母模的制作。图 2-54 所示为采用 LOM 技术制作的奥迪轿车制动钳体母模以及金属铸件。

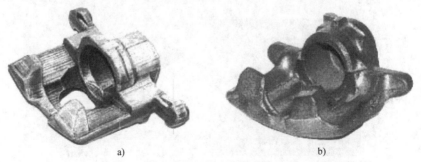

a)   b)

图 2-54　采用 LOM 技术制作的轿车制动钳体母模以及金属铸件

a）LOM 母模　b）金属铸件

5. 其他应用 图 2-55a 所示为哈尔滨工程大学开发的 LOM-ⅡB 机型。图 2-55b、

c、d 所示分别为采用此设备制作的龙戏珠、小书架、储钱罐等 LOM 制件。

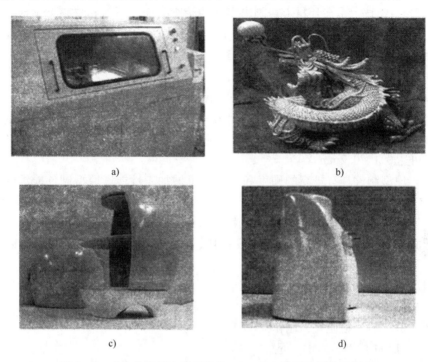

a)　　　　　　　　　　　　　　　　b)

c)　　　　　　　　　　　　　　　　d)

图 2-55　哈尔滨工程大学开发的 LOM- Ⅱ B 机型及制作的制件
a）LOM- Ⅱ B 机型　b）龙戏珠 LOM 制件
c）小书架 LOM 制件　d）储钱罐 LOM 制件

图 2-56 所示为采用 LOM 技术制作的一电话机草模型。

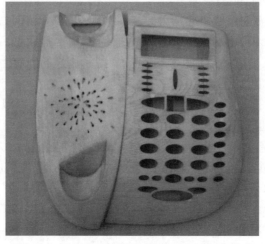

图 2-56　采用 LOM 技术制作的一电话机草模型

四、LOM 实体制造的特点

由于 LOM 技术是在片材上切割出零件的轮廓截面，不需扫描整个截面，因此成型的速度较快，尤其适合制造大型零件，零件的精度也较高。另外，工件外框与截面轮廓之间多余的纸材在加工中起到了支撑作用，所以 LOM 技术无需加支撑。

（一）LOM 成型技术的优点

（1）原型制件精度高。薄形材料在切割成型时，在原材料中只有薄薄的一层胶发生固态变为熔融态的变化，而纸材仍保持固态不变，因此形成的 LOM 制件翘曲变形较小，且无内应力。制件在 Z 方向的精度可达 $\pm 0.2 \sim 0.3\text{mm}$，$X$ 和 Y 方向的精度可达 $0.1 \sim 0.2\text{mm}$。

（2）原型制件具有较高的硬度和良好的机械加工性能。原型制件能承受高温约 200℃左右，可进行各种切削加工。

（3）成型速度较快。加工时激光束是沿着物体的轮廓进行切割，而无需扫描整个断面，所以 LOM 技术的成型速度很快，常用于加工内部结构较简单的大型零件。

（4）无需另外设计和制作支撑结构。

（5）废料和余料容易剥离，且无需后固化处理。

（6）原材料价格便宜，制作成本低。

（二）LOM 成型技术的不足

（1）不能直接制作塑料原型。

（2）原型的弹性、抗拉强度不好。

（3）模型制件需进行防潮后处理。因为原材料选用的是纸材，所以原型易吸湿后膨胀，因此成型制件一旦加工好后，应立即进行必要的表面后处理，如防潮处理，可采用树脂进行防潮漆涂覆。

（4）模型制件需进行必要的后处理。对原型表面有台阶纹理的，应仅限于制作结构简单的零件，若要加工制作复杂的曲面造型，则成型后需进行表面打磨、抛光等后处理工艺。图 2-57 所示为采用 LOM 技术制作的经打磨、抛光以及上腻子等后处理的缝纫机机头。

根据以上介绍可知，LOM 技术适合制作结构简单的大中型原型制件，成型时间较短，翘曲变形也较小，并且原型制件具有良好的力学性能，特别适用于新产品研发设计用的概念模型的构建和功能性测试。由于制成的原型制件具有木质属性，适合直接制作砂型铸造模，因此 LOM 技术具有广阔的应用前景。

五、LOM 技术研究现状

目前，进行 LOM 技术研究的单位主要有 Helisys 公司、Kinergy 公司、华中科技大学、清华大学等。Helisys 公司除生产原有的 LPH、LPS 和 LPF 三个系列纸材设备外，近期还开发出了塑料和复合材料的设备。因此，LOM 技术正在向选材多样化的方向发展。

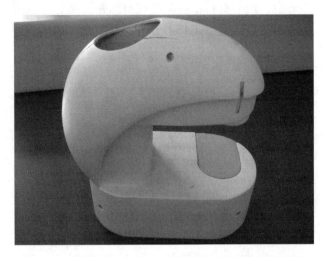

图 2-57　采用 LOM 技术制作的经后处理的缝纫机机头

华中科技大学生产的主要产品型号有 HBP-Ⅲ 和 AHRP-ⅡB，成型空间分别为 600mm×400mm×500mm、450mm×350mm×350mm，叠层厚度为 0.08~0.15mm，具有较高的性价比。此类产品具有以下独到的特点：整个系统精度高、速度快、运转平稳、材料利用率高。

清华大学近期推出了 SSM 系列成型设备和相应的成型材料，该设备配备有国产的 CO_2 激光器，加工精度较高。此外，清华大学还推出了多功能 M-RPMS 系统，可同时完成 SSM 和 FDM、SLS 技术。M-RPMS 的显著特点是具有多模块化的结构，即在基础床身上可加上 SSM 功能盖、FDM 功能盖或其他快速成型类型的功能盖。该多功能设备不仅可以方便地进行各单功能设备切换，而且切换时间较短，大约只需 2h 即可完成切换任务。

日本 Kira 公司生产出了 PLT 系列薄形材料选择性切割成型机。它的最大特点是不采用纸材，而是使用复印机在复印纸上印出工件的截面轮廓；然后将这些带有轮廓图形的纸张在送料机构的作用下，顺序送至工作台上；紧接着工作台加热使复印粉熔化，将带有轮廓图形的一张张纸逐一粘于工作台上；最后由平板式绘图机驱动切刀沿轮廓线进行切割，得到 LOM 原型制件。

为了使得 LOM 成型制件易于去除多余的废料，韩国理工学院提出了薄型材料选择性切割成型原理。采用此方法，LOM 原型制件加工完毕后，除了一小部分的支撑结构尚需剥离之外，大部分废料几乎都已被分离，可以大大节省剥离废料和余料的时间。其具体过程是：

（1）在第一次切割时，首先切割成型材料上废料区的周边。

（2）将带孔的成型材料送至原已成型的叠层块上，使带有废料的背衬纸与成型材料相分离。

（3）工作台上升后，成型材料粘在原已成型的叠层块上。

（4）在第二次切割时，切割出工件各层轮廓的边界。如此循环往复，直到原型制件加工制作完毕。

此外，新加坡 KINERGY 公司近期研发生产出了三种加入新型改性添加剂的纸材（K-01，K-02，K-03）。用该材料制成的模型制件表面光滑坚硬，且在成型过程中曲翘变形程度较以往纸材明显减小，成型后废料更易于剥离。近期美国 Cubic Technologies 公司生产出了纸材之外的两种材料，即聚酯薄膜和玻璃纤维薄膜，这将增加 LOM 成型技术更广阔的应用空间。

第六节　三维打印（3DP）成型技术

三维打印（3DP）成型技术与设备由美国麻省理工学院（MIT）开发与研制，并由美国 Z Corporation 公司申请获得专利。目前，Z Corporation 公司推出了系列的 3DP 快速原型设备，如 Z400、Z402、Z406、Z810 等。图 2-58 所示为该公司生产的 zp150 型 3DP 快速成型设备。

图 2-58　zp150 型 3DP 快速成型设备

一、3DP 快速成型工艺原理

3DP 技术也称为三维印刷或喷涂粘结，是一种高速多彩的快速成型工艺。图 2-59 所示为 3DP 工艺步骤示意图。3DP 技术与 SLS 类似，采用粉末材料（如陶瓷粉末、金属粉末等）进行成型加工，所不同的是 3DP 工艺用粉末材料不是通过烧结连接起来的，而是通过喷头喷出粘结剂，将零件的轮廓截面"印刷"在材料粉末上面并粘结成型的。

3DP 技术用喷头的工作原理类似于打印机的打印头，不同点在于除了喷头在做

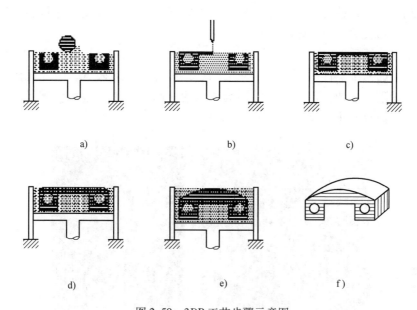

图 2-59　3DP 工艺步骤示意图

a）铺覆粉末　b）一层层印刷　c）工作台下降　d）层层打印　e）加工结束　f）取出模型

X-Y 平面运动外，工作台还沿 *Z* 轴方向进行垂直运动，并且喷头喷出的材料不是油墨或打印机用的粉末，而是一种特殊的粘结剂。喷头在计算机的控制下，按照事先设定的轮廓信息，在铺覆好的一层粉末材料上有选择性地喷射粘结剂，形成一层层截面层。每一层截面喷射完毕后，工作台就下降一个层厚，如此循环往复，最终得到三维实体原型。

图 2-60 所示为采用 3DP 技术加工完成的零件的示意图。从图中可以看出，未

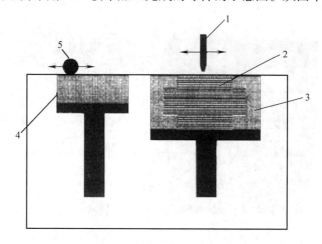

图 2-60　采用 3DP 技术加工完成的零件

1—打印头　2—原型制件　3—支撑粉末　4—供料筒　5—铺粉辊

喷射粘结剂的地方的材料还是呈干粉状态，在成型过程中起支撑作用，成型结束后，比较容易去除，而且还能回收再利用。

图 2-61a 所示为用无色胶水打印的三维实体模型，图 2-61b 所示为用彩色胶水多喷头打印的三维实体模型。由于粘结剂粘结的零件强度较低，因此还需对其进行一些后处理。例如，首先烧掉粘结剂，然后在高温下渗入金属，其目的是使模型或零件表面致密化，以提高强度。

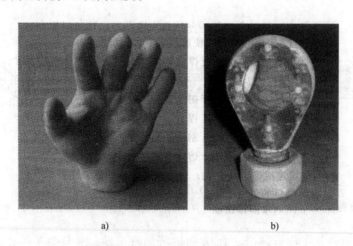

a)　　　　　　　　　　　　b)

图 2-61　采用 3DP 技术制作的模型

a）无色三维实体模型　b）彩色三维实体模型

二、3DP 快速成型过程

图 2-62 所示为 Z-Corporation 公司生产的 Z450 彩色 3DP 成型设备，该设备将 3DP 成型过程分为以下五个步骤：

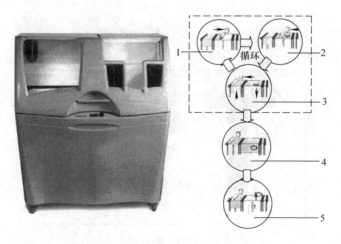

图 2-62　Z450 彩色 3DP 成型设备及工艺

1—铺粉　2—喷粘结剂　3—工作台下降一层　4—成型完毕　5—工作台升起

（1）将3DP专用ABS粉末倒入供粉仓中，铺粉器将少量的粉末铺平于成型缸的工作台面上。

（2）喷头将粘结剂按照事先设定好的一层层模型轮廓截面喷在ABS粉上，然后使其粘结，形成模型的一层层轮廓截面。

（3）供粉仓每上升一定的高度进行供粉，成型仓就会下降一个层厚的高度，同时铺粉器开始工作，将新一层的粉末铺覆在已成型的轮廓截面上，多余的粉末则被刮入粉末收集仓中。

（4）如此循环往复，直到模型制件加工成型完毕。

（5）升起工作台，取出已加工好的原型制件。图2-63所示为采用3DP技术制作的鼠标原型。

图2-63　3DP技术制作的鼠标原型

三、3DP成型技术

3DP成型技术的最大特点是成型速度极快，特别适合用于桌面型的快速成型设备，并且可以在粘结剂中添加有色颜料，制作彩色原型制件。这也是该工艺颇具竞争力的特点之一。有限元分析用模型和多部件装配体等极适合用3DP技术进行加工与制造。该技术的缺点是成型制件的强度较低，因此只能用作概念型，不能用于功能性试验用途。

此外，3DP技术的生产速度受到粘结剂喷射量的限制。典型的喷嘴以$1cm^3/min$的流量喷射粘结剂，若有100个喷嘴，则零件生产速度为$200cm^3/min$。最近，美国麻省理工学院开发了两类喷射系统：连续式与点滴式。这种多喷嘴的连续式系统的生产速度可达到每层$0.025s$，点滴式系统的生产速度可达每层仅用$5s$。

3DP专利先后授权的公司主要有：美国Z Corporation、美国ProMetal、美国Soligen、以色列Objet等公司。这些公司根据原始专利研发出了许多3DP的产品。其中，美国Z Corporation研发出的产品最多而且较为成熟。图2-64所示为该公司具有代表性的产品。

四、3DP的后处理

3DP的后处理工艺较为简单。待加工结束后，将原型制件放置在加热炉中，或在成型箱中保温一段时间，目的是使得原型制件中的粘结剂得到进一步的固化，

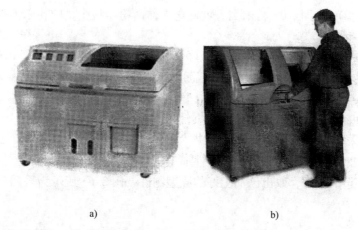

a)   b)

图 2-64　Z Corp. 彩色 3DP 成型设备
a）Spectrum Z510　b）ZPrinter450

同时原型制件的强度也有所提高。然后在除粉系统中将附在原型制件上的粉末除去，同时收回这些粉末。有时可根据用户需求，在原型表面涂上硅胶或其他一些耐火材料，以提高制件的表面精度和表面质量；或在高炉中进行焙烧，以提高原型制件的耐热性及力学性能等。

五、3DP 成型技术的优缺点

（一）3DP 成型技术的优点

（1）易于操作，工艺过程较为清洁，可用于办公环境，作为计算机的外围设备之一。

（2）可使用多种粉末材料，也可采用各种色彩的粘结剂，可以制作彩色原型，这是该工艺最具竞争力的特点之一。

（3）不需支撑，成型过程不需单独设计与制作支撑，多余粉末的支撑去除方便，因此尤其适用于做内腔复杂的原型制件。

（4）成型速度快，完成一个原型制件的成型时间有时只需半小时左右。

（5）不需激光器，设备价格比较低廉。

（二）3DP 成型技术的缺点

（1）精度和表面粗糙度不太理想，可用于制作概念模型，但不适合构建结构复杂和细节较多的薄型制件。

（2）由于粘结剂从喷嘴中喷出，粘结剂的粘结能力有限，故原型的强度较低，只能做概念型模型。

（3）原材料（粉末、粘结剂）价格昂贵。

六、3DP 技术应用举例

（1）图 2-65 所示为采用 3DP 技术制作的单一彩色气缸体原型、叶片有限元分析的彩色应力状态模型和不同零件用不同颜色材料成型后装配而成的彩色蜗杆泵。

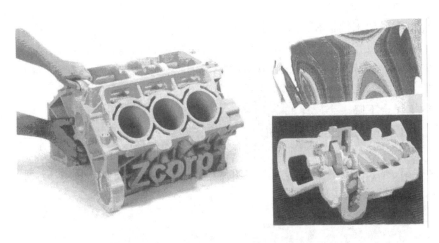

图 2-65　采用 3DP 技术制作的彩色模型

（2）图 2-66 所示为采用 Objet 公司 Eden 系列树脂材料制作的汽车原型零件和城堡模型。采用树脂三维打印快速成型工艺制作的模型制件精度较高，且表面细节较好。

图 2-66　树脂材料制作的汽车原型零件和城堡模型

（3）三维喷涂粘结技术在陶瓷中的应用。

3DP 设备以小巧、方便、价廉而获得了很多用户的欢迎，其销量在最近几年已跃居快速成型设备的第三位。英国 Brunel 大学已研制出配制陶瓷粉进行多层打印以制备陶瓷件。其具体步骤如下：

1）首先设计出零件的三维 CAD 模型。

2）将模型输出为 ＊.STL 文件，并将其切成等厚的层层薄片。每层的厚度由设计者自行设定。

3）快速成型系统将每一层薄片分解成矢量数据，用来控制粘结剂喷射头移动的走向和速度。

4）将陶瓷粉末铺覆在工作台上。

5）在计算机控制下，喷头按步骤3）的设定进行扫描、喷涂与粘结，有粘结剂的部位，陶瓷粉就粘结成实体的陶瓷体，周围没被粘结的粉末则起支撑粘结层的作用。

6）工作台下降一个层厚的高度。

如此循环往复，直至原型制件加工完毕，然后再对原型制件进行后处理（如焙烧等工艺），其目的是为保证原型制件具有一定的机械强度及耐热强度。

图 2-67 所示为采用 3DP 技术制作的陶瓷制品、注射模具。图 2-68 所示为采用 3DP 技术制作的金属原型制件。

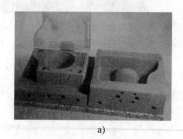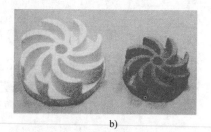

a)　　　　　　　　　　　　　　　　b)

图 2-67　采用 3DP 技术制作的结构陶瓷制品和注射模具

a）陶瓷制品　b）注射模具

图 2-68　3DP 技术制作的金属原型制件

七、3DP 工艺的典型设备

目前，Z Corporation 公司已生产出四种不同规格的三维打印快速成型设备：Z Printer 310 Plus、Z Printer 450、Spectrun Z510 型和 Spectrun Z650 型。其中 Z Printer 310 Plus 型为最经济型；Z Printer 450 型是主流产品，其最大优点是可借

助不同颜色的粘结剂，实现彩色原型制件的制作，进一步加强了可视化的效果；Z510、Z650型在成型制件的尺寸及精度上又有很大程度的提高。表2-4列出了Z Corporation公司的三维打印快速成型设备的主要规格及技术参数。

表2-4　Z Corporation 公司的三维打印快速成型设备的主要规格及技术参数

项目	机　　型			
	Z Printer 310 Plus	Z Printer 450	Spectrun Z510	Spectrun Z650
成型空间	203mm×254mm×203mm	203mm×254mm×203mm	254mm×356mm×203mm	254mm×381mm×203mm
层厚	0.089~0.203mm	0.089~0.102mm	0.089~0.203mm	0.089~0.102mm
彩色	单色	彩色	彩色	彩色
外形尺寸	740mm×860mm×1090mm	1220mm×790mm×1400mm	1070mm×790mm×1270mm	1880mm×740mm×1450mm
机身净重	115kg	193kg	204kg	340kg
文件格式	STL	STL, VRML, PLY	STL, VRML, PLY, SFX	STL, VRML, PLY, SFX, 3DS, ZPR

另外，3D System公司的Thermo Jet类型快速成型机也是一种多喷嘴式三维打印快速成型系统。它的最大特点是采用96个直线排列喷嘴的喷头，在计算机的控制下，这些喷嘴能同时喷洒直径为0.076mm的熔化热塑性材料或蜡，熔融的材料在工作台上迅速冷却后形成固态的层层截面轮廓。每当一层截面轮廓成型完毕后，工作台就会下降一个截面层的高度，然后再进行下一层的喷洒工作，如此循环往复，最终形成三维原型制件。其工作原理如图2-69所示。

此外，树脂打印光固化快速成型是三维喷墨打印成型技术的另一种形式。它是由以色列Objet Geomatries公司最近几年新推出的产品。它采用光固化树脂多嘴喷头的专利技术。图2-70所示为其最典型的机型（Eden330型）的工艺原理。

从图2-70中可以看出，喷头将液态的树脂和水溶性树脂从各自喷嘴中喷射到工作台平面上，与此同时，与喷嘴一起运动的多光束紫外光立即将树脂固化，形

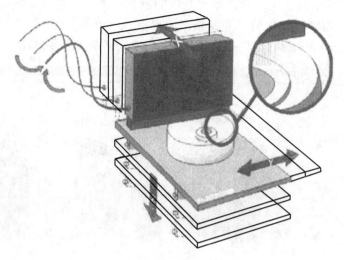

图 2-69　多喷嘴式三维打印快速成型系统示意图

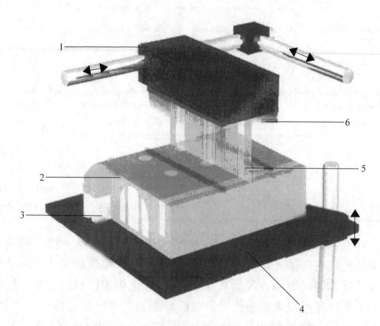

图 2-70　Eden330 型树脂打印光固化快速成型工艺原理
1—成型头　2—原型制件　3—支撑结构　4—工作台　5—成型材料　6—紫外光

成一层层轮廓截面，而与紫外光不起作用的水溶性树脂就会作为支撑材料对层层轮廓截面进行支撑，待原型制件打印完毕后，再用水冲洗就可去除支撑材料。

　　Eden330 型快速成型设备的最大特点是精度极高，其打印分辨率最高可达 600dpi×300dpi，最小层厚可为 16μm，因此能够建构壁厚极薄、外形复杂且精细的原型制件。

上述三家公司（Z Corporation 公司、Objet Geomatries 公司、3D System 公司）新研发的产品分别是：InVision XT、Eden 330、Thermo Jet 三维打印快速成型机。它们的主要技术参数见表 2-5。

表 2-5 三家公司的设备机型及主要技术参数

项 目	机 型		
	In Vision XT	Eden 330	Thermo Jet
最大制作空间	298mm × 185mm × 203mm	350mm × 350mm × 200mm	250mm × 90mm × 200mm
打印工艺	液态树脂打印	液态树脂打印	MJM
圆形材料	MJM 紫外光固亚克力	FullCuve 光敏树脂	ThermoJet 热塑性材料
原型颜色	白色、蓝色和灰色	自然色、灰色和黑色	墨绿色和黑色
打印精度	328dpi × 328dpi × 606dpi	600dpi × 600dpi × 200dpi	300dpi × 400dpi × 600dpi
主机外形尺寸	770mm × 1240mm × 1480mm	1320mm × 990mm × 1200mm	2130mm × 1350mm × 1980mm

第七节　其他典型快速成型技术

由于 RP 主要技术就是基于离散和堆积的加工制造原理，因此自它出现就受到了广泛关注并得到了开发与应用，并且对其新的工艺以及新的成型方法的研究也从未停止过。目前，除了前面介绍的 5 种常见的快速成型技术外，还有许多新的 RP 技术也已经市场化，如光掩膜成型技术、弹道微粒制造技术、无模铸型制造技术、激光净成技术、数码累积成型技术、金属板料渐进快速成型技术、多种材料组织的熔积成型、直接光成型、三维焊接成型、气相沉积成型、减式快速成型技术等。

一、光掩膜成型技术

（一）光掩膜成型工艺原理及工艺过程

1. 光掩膜成型工艺原理　光掩膜成型技术也称立体光刻（Solid Ground Curing，简称 SGC）技术。SGC 技术实质上是 3DP 技术的扩展。3DP 的成型方法是以激光束直接扫描树脂液面，而 SGC 技术是采用激光束或 X 射线，通过一个可编程的光掩膜，照射树脂直接成型。

如图 2-71 所示，光掩膜上的图形是依据掩膜设备在事先设定的模型片层参数控制下，利用电传照相技术，在板玻璃上进行静电喷涂，从而制成原型制件，其掩膜表面可透过激光或 X 射线。最终制成的原型制件可经过电铸处理形成零件的反模，再经过充模及脱模处理形成零件的模具，最后经电铸加工制成相应的产品。SGC 工艺由于采用高能紫外激光器进行成型加工，因此其成型速度较快，可以省去支撑结构。

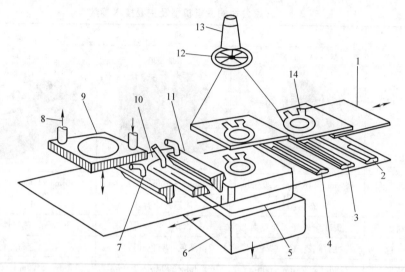

图 2-71　SGC 工艺原理示意图

1—罩生成板　2—电荷发生装置　3—罩生成装置　4—罩删除装置　5—石蜡　6—工作台
7—石蜡喷涂装置　8—冷却剂出口　9—石蜡冷却板　10—树脂清洁装置
11—树脂喷涂装置　12—遮蔽快门　13—UV 紫外激光　14—零件切片截面

　　SGC 技术最早是由以色列 Cubital 公司研制开发出的新型快速成型工艺方法，其与 SLA 原理大致相同但工艺不同。该成型系统采用紫外光进行光敏树脂的固化，曝光采用光学掩膜技术，采用电子成像系统在一块特殊的玻璃上通过曝光和高压充电过程，产生与截面形状一致的静电潜像，并吸附碳粉，形成截面形状的负像；紧接着以此片为准，用强紫外灯对涂敷的一层层光敏树脂进行曝光和固化；再将多余的树脂吸附，截面中的空隙部分用石蜡进行填充；最后用铣刀将每一层截面进行修平，并在此基础上进行下一个截面的曝光和固化。如此循环往复，直至最终制出模型制件。由于 SGC 的每层固化是瞬间完成的，因此 SGC 效率比 SLA 更高，且 SGC 的工作空间较大，可同时一次制作出多个模型制件。

　　图 2-72 所示为采用 SGC 技术制作的一个玩具车模型。

　　2. 光掩膜成型工艺过程　如图 2-73 所示，光掩膜技术具体工艺步骤如下：

　　（1）利用切片软件对模型的三维造型进行切片。每层制作之前，先用光敏性树脂均匀铺覆工作台平面，如图 2-73a 所示。

　　（2）对每一层进行光掩膜加工工艺的操作，如图 2-73b 所示。

　　（3）再用强紫外线灯对其进行照射，暴露在上面的一层光敏性树脂被第一次

图 2-72　采用 SGC 技术制作的玩具车模型

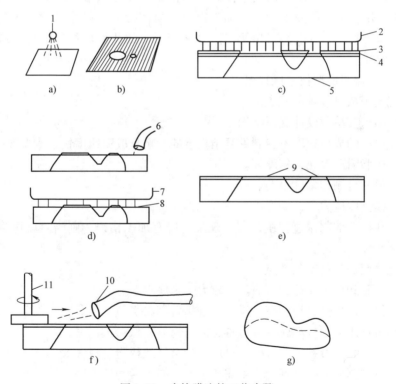

图 2-73　光掩膜法的工艺步骤

1—喷洒树脂　2—紫外激光　3—罩　4—当前层　5—已加工好的层零件　6、10—真空吸附
7—紫外光源　8—残留树脂　9—蜡　11—旋转磨头

固化，如图 2-73c 所示。

（4）每一层固化完毕后，未固化的光敏性树脂被真空抽走，以便重复利用。固化过的那层光敏性树脂在一个更强的紫外线灯的照射下得以二次固化，如图 2-73d 所示。

（5）采用蜡填充被真空抽走的区域，然后通过冷却系统使蜡冷却和变硬，硬化后的蜡可作为支撑，如图 2-73e 所示。

（6）将蜡、树脂层铺平，以便进行下一层的加工制作，如图 2-73f 所示。

（7）模型制件加工完毕后，将蜡去掉，打磨后即可得到模型或产品，而无需其他的后处理工序，如图 2-73g 所示。

3. 光掩膜成型工艺的技术要求　为了得到较大型的超微细立体结构元件，需作深度的 X 射线光刻。模型制件的图形质量取决于 X 射线掩膜图形的精度、辐射过程的投影精度、光刻材料留膜率等因素。此外，对掩膜、光源、掩膜材料等也有一定的技术要求。

在制作复杂三维实体结构或不同高度的模型时，可以采用多次曝光的加工方法，即先制作出第一层图形，电铸加工得出金属图形后，再涂第二层光刻胶，并进行对准和曝光，然后电铸得出第二层金属图形，如此循环往复，直至加工出所需的模型制件。

（二）光掩膜成型技术优缺点

1. 光掩膜成型技术的优点

（1）不需要单独设计支撑结构。

（2）模型的成型速度不受制件复杂程度的影响且成型速度快，成型效率高。

（3）树脂瞬时曝光，精度高。

（4）最适合制作多件原型。

（5）模型内应力小，变形小，适合制作大型件。

（6）在模型的制作过程中，若发现某一层有加工错误，则当时就可将错误层铣掉，再重新制作此层。

2. 光掩膜成型技术的缺点

（1）树脂和用于支撑的石蜡浪费较大，工序复杂。

（2）设备占地大且噪声高，设备的维护费用昂贵。

（3）可选用的原材料较少且有毒，需密封避光保存。

（4）加工制作过程中，若感光过度，则会导致树脂材料失效。

（5）成型制件的后处理过程中需要进行除蜡等后处理工序。

二、弹道微粒制造技术

弹道微粒制造（Ballistic Particle Manufacturing，简称 BPM）技术是由美国的 BPM 技术公司开发并将其商品化的。其成型原理（见图 2-74）大致是采用一个压电喷射系统来对热塑性塑料进行沉积熔化。BPM 的喷头安装在一个 5 轴的运动机

构上，模型的有些部位需要添加支撑
结构。

三、无模铸型制造技术

无模铸型制造（Patternless Cast-
ing Manufacturing，简称 PCM）技术
是由清华大学激光快速成型中心研制
成功的，并将该项技术应用到了传统
的树脂砂铸造工艺中。图 2-75 所示
为其工艺原理，首先将三维 CAD 数
据模型转换成铸型 CAD 模型；再对
铸型 CAD 模型的 STL 文件进行分层，
获得一层层二维截面轮廓信息；加工
时，第一个喷头在事先铺好的型砂上

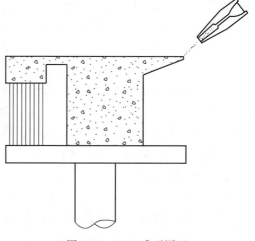

图 2-74　BPM 成型原理

通过计算机控制，精确地喷射出粘结剂，第二个喷头沿同样的路径喷射出催化剂，
让二者发生胶联反应，并一层层固化型砂，在粘结剂和催化剂共同作用的地方型

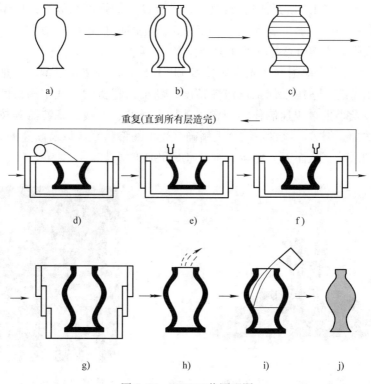

图 2-75　PCM 工艺原理图

a) CAD 模型　b) CAD 铸型　c) CAD 分层　d) 表层铺砂　e) 喷涂树脂粘结剂

f) 喷涂催化剂　g) 造型完毕　h) 清除干砂　i) 浇铸　j) 铸件

砂就被固化在一起，而其他地方的型砂仍为颗粒态。一层固化完之后再粘结下一层，如此循环往复，直至原型制件加工完毕。粘结剂没有喷射的地方的砂仍然是干砂，因此比较容易清除。清理完毕未固化的干砂之后，就可以得到具有一定壁厚的铸型件，再在砂型的内表面涂敷、浸渍有关涂料，即可用于浇注金属制件。

与传统的铸型制造技术相比，PCM 技术具有很大的优越性，它能使铸造过程高度自动化和敏捷化，大大降低工人的劳动强度，使设计、制造等约束条件大大减少。具体优点表现在以下几个方面：无需木模、型与芯同时成型、无起模斜度、可制造任意曲面的铸型、加工制造时间短、成本低。

四、激光净成技术

激光净成技术是以钢合金、钢、钛钽合金、镍铝合金、铁镍合金等为原料，将金属直接沉积成型。其生产的金属零件强度大大超过了传统方法生产的金属零件，但表面粗糙度较大，类似于砂型铸件的表面粗糙度。

图 2-76 所示为激光净成技术的成型工艺原理示意图。其成型机理基本与 SLS 成型技术相似，只是成型工艺所用的设备不同。

激光净成技术的最大特点是成型与定位准确，且成型后激光加热区及熔池能快速得以冷却；加工的成型件表面致密，具有良好的强度与韧性；成型用熔覆材料广泛且利用率高；加工成本低。近年来，激光净成技术已成功应用于航空航天领域大型高强且难熔合金零件的快速制作。

图 2-77 所示为德国的激光净成技术 LPKF Protolaser 200 机型，它是一种成熟的激光加工系统，适用于加工任何高精度、超细、超密的导线结构，彻底解决了高端样品以及小批量快速制作等问题，满足了微波、天线、滤波器等技术对精细几何结构的加工需求。该设备结合了精确激光束的偏移系统以及高速的 X、Y 二维平面的移动系统，从而大大提高了加工速度和加工精度。

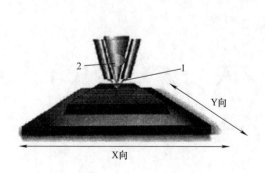

图 2-76　激光净成技术的工艺原理示意图
1—输送粉末　2—激光束

图 2-77　德国 LPKF Protolaser 200 机型

五、数码累积成型技术

数码累积成型（Digital Brick Laying，DBL）技术也称为喷粒堆积、三维马赛克。其大致工艺原理如图 2-78 所示，用计算机分割三维实体模型，得到一系列的有序点阵；然后借助三维成型系统，按照指定的路径，在相应的工作台面上喷射出流体，进行逐点、逐线及逐面的粘结；最后进行必要的后处理工序，获得三维实体模型。

此工艺类似于马赛克工艺，即每间隔一定距离就增加一个积木单元，可采

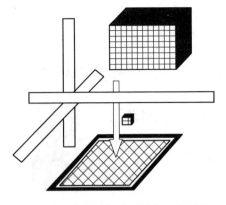

图 2-78　数码累积成型技术工艺原理

用晶粒、分子或原子级的单元进行搭接加工，从而提高成型制件的加工精度。也可通过不同成分、颜色、性能的材料排列单元，实现三维空间中的复杂原型制件的加工制造。

六、金属板料渐进快速成型技术

金属板料渐进快速成型（HD type rapid prototyping machine for sheet metal）技术是将 RP 技术与金属板料塑性成型技术相结合的一种新型的先进制造技术。其原理特点与 RP 技术基本相同，即采用快速原型的分层制造，将复杂的三维 CAD 数据沿 Z 轴方向进行切片分层，再依据这一层层的截面轮廓数据，采用三轴联动成型设备带动工具头，按照走等高线的方式对金属板料进行局部的塑性加工。该成型工艺的最大优点是，不需要另外制造模具，采用渐进成型的方式就能将金属板料加工成所需要的形状。

图 2-79 所示为金属板料数字化快速成型工作流程。目前，金属板料渐进快速成型技术主要应用于汽车等外壳体的加工制造，图 2-80 所示为采用该成型技术进行新车型的快速研发步骤。

此外，有些高度不同、有轮廓突起的零部件，在模具成型时易产生破裂，对其则可以采用无模具成型技术专门加工凸起的轮廓部位，也可以用无模成型技术直接成型突起部位，然后再用传统冲压工艺直接冲孔成型，如图 2-81 所示。这样，由于简化了模具的加工工艺，所以也就相应地节约了产品研发的成本。

七、多种材料组织的熔积成型

1997 年，美国 Carnegie Mellon 大学的 L. E. Weiss 和 Stanford 大学的 R. Merz 提出了一种多相组织的沉积快速制造方法。这种方法的基本原理是：利用等离子放电对金属丝进行加热熔化，再将工件逐渐熔积成型。若制作一个多种材料的工件，就需安装多个喷头，各喷头分别喷出不同的材料。

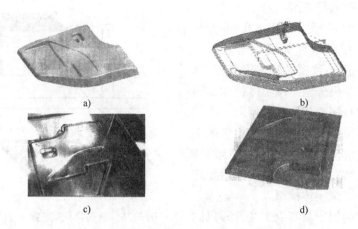

图 2-79　金属板料数字化快速成型工作流程

a）建立 CAD 数据模型与分层　b）工艺规划

c）加工过程　d）产品原型

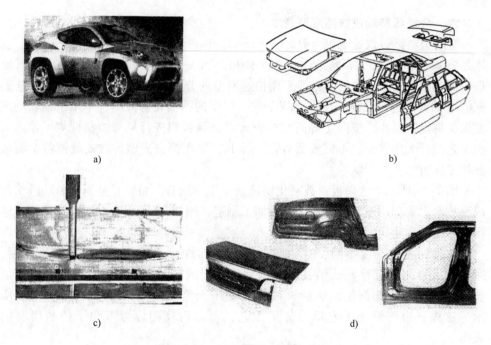

图 2-80　新车型的快速研发步骤

a）建立 CAD 数据模型　b）在三维软件中进行组装

c）渐进快速成型覆盖件　d）各单件成品

　　在三维 CAD 数据模型的设计中，首先设计出一个完整的产品，该产品中的各个零部件可由不同材料组成，分层后的材料信息可在每个层面中体现。在每一层

a)　　　　　　　　　　　　　　　　　　　　　b)

图 2-81　金属板料快速成型与冲孔工艺相结合

a）板料成型　b）冲孔工艺

面上，根据各部分所需的材料，分别进行不同材质的喷涂，再逐层进行加工与制造，即可快速加工出一个由多种材料和零部件组成的产品或模型制件。该技术也可应用于小型复杂结构件的一次快速成型，而不必进行分件加工和装配，因此这是一个相当实用的、材料与结构一体化的快速成型方法。

八、直接光成型

近年来，美国德州仪器公司开发出了一种直接光成型系统。该系统以光固化树脂作为粘结剂，采用光照射进行光固化树脂与陶瓷混合物，同时将陶瓷粘结起来，经过逐层固化，最终加工制造出陶瓷制件。这种采用该工艺制作的陶瓷制件需经过后处理，即需进行焙烧，将树脂燃烧掉，以形成陶瓷制件。该成型工艺可进行陶瓷或粉末冶金零件的快速加工制造，已解决了部分难加工零件的成型问题。

九、三维焊接成型

英国 Nottingham 大学提出的一种基于三维焊接成型的工艺方法，是利用焊接机器人来加工制造金属产品或零部件。在以往加工制造金属零件时，由于液态金属的流动性及表面张力的影响，零件层与层之间的连接不牢固，有时会出现裂纹，影响零件的力学性能和物理性能。英国 Nottingham 大学采用凸凹结合的工艺方法，进行三维焊接成型，提高了层与层之间的粘结强度。这种工艺方法的最大优点是大大提高了金属制件的强度。

十、气相沉积成型

美国 Connectict 大学提出的一种基于活性气体分解沉淀的快速成型技术，是采用高能量激光的热能或光能，使成型材料分解出一种活性气体，在激光作用下，发生分解的活性气性沉积成一种材料薄层，然后再进行逐层沉积，制造出相应的产品。此项工艺是通过改变活性气体的成分以及温度、激光束的能量等，进而沉积出不同材料的产品零件，如陶瓷和金属零件。

气相沉积技术包括物理气相沉积（Physical Vapor Deposition，PVD）技术和化学气相沉积（Chemical Vapor Deposition，CVD）技术。物理气相沉积技术是采用物理的方法，将成型材料表面汽化成气态原子、分子或电离成离子，并通过低压气体在基体表面沉积成一种材料薄层，然后再进行逐层沉积，制造出相应的产品。而化学气相沉积技术是将形成薄膜元素的气态或液态反应剂的蒸气引入反应室内，使得成型材料发生化学反应形成薄层，然后再进行逐层沉积，制造出相应的产品。目前，采用物理气相沉积技术的镀层成套设备正在向着全自动、大型化方向发展；化学气相沉积技术已成为无机合成化学的一个新领域，并开始应用于超大规模的集成电路中的薄膜加工制造。

十一、减式快速成型技术

减式快速成型技术就是利用 ABS、铝和铜或聚氨酯、树脂等各种廉价的材料，对其进行铣削加工，去除多余的材料，直至最终加工出产品原型。采用此项技术加工出来的产品原型具有较高的精度，也无需再进行精加工。同时，这些减式快速成型设备还能通过四轴联动控制和交流伺服电动机等提供前馈处理、自动更换刀库，从而使得工程师的工作效率更高，工作更轻松，并且从粗加工到精加工均可一次自动完成，可实现无人值守的加工运转操作。

减式快速成型设备的典型代表产品是日本 Roland 公司的 MODELA PROMDX-650A 工作台型模具机，其工作范围是 650mm×450mm×155mm，可加工各种材质，如铜、铝等有色金属，同时支持工业标准 NC 代码，并随机附带一整套功能强大、操作简便的专业模具加工软件。若可选配四轴加工附件，则可成为一台高性能的四轴控制模具机。

从以上所述可以看到：

（1）RP 技术正在向着多种材料复合成型的方向发展，无需装配，可一次加工成型出多种材料、复杂形状的产品或零部件。这种集材料加工与结构成型一体化的快速成型方法将为开发复合结构的复杂成型提供新的途径，相信在电子元器件、电子封装、传感器等领域有着广泛的应用前景。

（2）RP 技术将向着降低成本、提高效率、简化加工工艺的方向发展，其最终目的是扩大快速成型的应用范围。

（3）RP 技术可提高产品成型件的力学、性能物理性能、精度和表面质量，为进一步进行模具加工以及功能性实验提供良好的实物样件。

第八节　快速成型技术的比较及选用原则

一、几种典型 RP 技术特点的比较

以上各种 RP 技术各有各自的特点，例如，从安全性上考虑，SLA 的紫外激光器是采用光敏树脂的紫外光敏凝固的特性进行快速成型，不会产生高热；FDM 的热熔喷头的温度低于成型材料的燃点；3DP 由喷头喷出粘结剂或成型材料，所以

SLA、FDM、3DP 在安全性方面较好。从使用环境考虑，SLA、LOM 和 SLS 使用激光，LOM 和 SLS 使用时会产生烟尘，它们都在成型时带有一定的危险性，因此 SLA、LOM、和 SLS 均不适合在办公室使用。

表 2-6 所示列出了几种典型 RP 技术的特点及用途。

表 2-6 几种典型 RP 技术的特点及用途

项目	SLA 光固化成型	FDM 熔融沉积成型	SLS 选择性激光烧结	LOM 分层实体制造	3DP 成型
优点	（1）成型速度快，成型精度、表面质量高 （2）适合做小件及精细件	（1）成型材料种类多，成型件强度好，可直接制作 ABS 塑料 （2）尺寸精度较高，表面质量较好，易于装配 （3）材料利用率高 （4）操作环境干净、安全，可应用于办公室环境	（1）有直接金属型的概念，可直接得到塑料、蜡或金属件 （2）材料利用率高，成型速度较快	（1）成型精度较高 （2）只须对轮廓线进行切割，制作效率高，适合做大型实体件 （3）制成的样件有木质制品的硬度，可进行一定的切削等后加工处理	（1）成型速度快，成型精度、表面质量高 （2）适合做小型制件及精细件
缺点	（1）成型后要进一步固化处理 （2）光敏树脂固化后较脆，易断裂，可加工性不好 （3）工作温度不能超过 100℃，成型件易受潮膨胀，抗腐蚀能力不强	（1）成型时间较长 （2）不适宜制作小型制件、精细件	（1）成型件强度和表面质量较差，精度低 （2）后处理工艺复杂 （3）后处理时难以保证制件的尺寸精度	（1）不适宜做薄壁制件 （2）制件表面比较粗糙，有明显的台阶纹，成型后要进行打磨等后处理 （3）易受潮膨胀，成型后需尽快进行表面防潮等后处理 （4）制件强度较差，缺少弹性	（1）成型件强度较差，需进行后处理，如上胶固化等 （2）成型材料有限，一般不适宜制作功能性制件
设备购置费用	价格昂贵	价格低廉	价格昂贵	价格中等	价格中等

（续）

项目	SLA 光固化成型	FDM 熔融沉积成型	SLS 选择性激光烧结	LOM 分层实体制造	3DP 成型
维护和日常使用费用	激光器有损耗，光敏树脂价格昂贵	无激光器损耗，材料的利用率高，原材料便宜	激光器有损耗，材料利用率高，原材料便宜	激光器有损耗，材料利用率很低	材料利用率很高，支撑材料可重复利用；原材料及胶水价格昂贵
发展趋势	稳步发展	飞速发展	稳步发展	稳步发展	稳步发展
应用领域	复杂、高精度的精细件	塑料件外形和机构设计	铸造件设计	实心体大件	复杂、高精度的小精细模型制件
适合行业	快速成型服务中心	科研院校、生产企业	铸造行业	铸造行业	科研院校

此外，LOM 和 SLS 使用的激光器是通过热量对成型材料进行切割和融化的，因此工作时必须有人看守；SLA 的紫外光激光器是利用光敏树脂对紫外光敏感凝固的特性来进行快速成型的，因此不会产生高热；FDM 的热熔喷头的温度低于成型材料的熔点，因此 SLA 和 FDM 在安全性能方面表现较好。

二、各种 RP 技术的合理选择

RP 技术的应用领域很广，目前已在航空航天、医疗器械、电子信息、家用电器、机械、汽车、首饰、玩具等行业上广泛应用。这些领域中的各种产品大小、结构都不尽相同（有的结构极为复杂），对产品的使用、制造目的、制造精度和成本的要求也不同，这就需要根据不同的产品结构和使用要求选择合适的 RP 成型工艺。

当选用 RP 技术时，应根据产品的结构特点和要求具体情况具体分析，以便选择最佳的 RP 技术。下面举例说明。

（一）电子及通信类产品

通常电子及通信类产品的外形尺寸不大，多为塑料薄壳结构，但对尺寸精度和表面质量要求很高，而且在大多数情况下还要作为后续制模工艺用的母模，以实现样件的小批量快速制造。

通过比较几种 RP 技术可知，像手机外壳或仪表盒大小的壳体类产品，SLA 技术在材料性能、表面质量与精度、装配效果等方面有较明显的优势；虽然制造成本相对高些，但由于产品尺寸和重量都较小，其制造成本不会太高，因此采用 SLA 技术进行加工与制作最为合理，应用效果最佳。

（二）机械、交通类结构部件

一般情况下，此类产品的外形尺寸都较大，对产品的精度和表面质量要求略低，制作的原型样件主要用于产品的外观、结构以及功能性的验证。由于产品的外形尺寸相对较大，故应注重控制产品的加工制造成本。

对比几种RP技术，像发动机气缸体这类尺寸较大的壳体零件，采用SLA和SLS技术均可达到满意的应用效果，但由于SLA技术的制造成本较高，所以采用SLS技术进行快速制作最为合理，性能价格比最佳。

RP技术作为一种先进的快速制造技术，其推广与应用具有一定的现实意义。按照用户所需的产品特点和具体要求，选择合理的RP技术快速地制作出新产品样件，不仅可以最大限度地满足用户需求，还可以大大节约制作成本。

目前，RP设备的采购成本和运行、维护成本都较高，国内、外基本上都采用建立RP技术服务中心的模式进行推广和应用RP技术。由于RP技术服务中心拥有多种性能的、先进的RP设备，能提供逆向工程、三维CAD实体建模技术、快速制模技术的支持，能更好地为企业提供快速和规范化、高质量、低成本的技术服务，而且企业通过RP技术服务中心能快速制作出所需的新产品样件，因此不仅能节约制造成本，还可以得到高质量的服务，实现最佳的应用效果。

三、RP系统的选用原则

综合以上各方面的因素，RP系统的选用原则如图2-82所示。在具体的加工制造过程中，还需综合考虑以下几个方面。

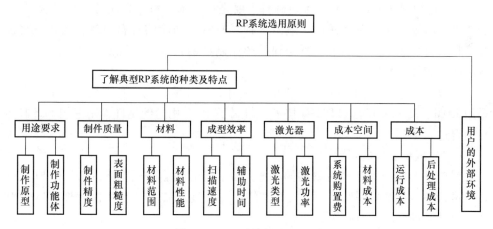

图2-82　RP系统的选用原则

（一）产品的用途

待加工的产品可能有各种用途需求，但是每种类型的RP设备能满足的要求有限，需综合考虑以下各方面因素。

1. 只需表达出外形的产品　这种要求比较简单，绝大多数精度较好的快速成型设备都可达到这种要求。

2. 功能性测试用产品　由于此种样品的材质和力学性能都要求接近真实产品，因此必须考虑选择合适的快速成型设备，这些设备必须能直接或间接制作出满足材质和力学性能要求的产品制件。例如，对于加工要求具有 ABS 塑料性能的制件，可以采用 SLA 或 FDM 快速成型设备进行直接制作，而不能采用 LOM 快速成型设备进行直接制作，它只能间接地通过反应式注射法进行加工与制作。另外，对于加工要求具有金属性能的制件，可选用 SLS 快速成型设备直接制作，模型制件制作完毕后还需进行烧结、渗铜等后处理工序。由此可以看出，采用 SLA、FDM、LOM 和 3DP 等工艺及设备不能直接进行加工与制作，只能间接地借助熔模铸造等工艺方法进行加工与制作。

3. 模具应用　快速制模技术是今后 RP 技术的重要应用方向之一。目前的快速制模技术的主要研究方向是：直接快速制模（Direct Rapid Tooling，DRT）和间接快速制模（Indirect Rapid Tooling，IRT）。具体的加工工艺是：首先采用 RP 技术成型一个模腔，再通过电极成型、金属喷镀、铸造等方法进行模具的成型；或采用 RP 技术先生产出铸型制件，再通过铸造技术生产出模具。

4. 复杂零件、小批量的直接生产　对于复杂的塑料、陶瓷、金属及复合材料的零部件以及小批量产品的生产，可采用 SLS 技术直接将其快速成型。现在，人们正在研究用于 SLS 技术用功能性梯度材料，零件的直接快速成型将对航空、航天及国防工业有着非常重要的研究价值。

5. 新型 RP 材料的研究　新型材料主要是指纳米材料、智能材料、复合材料、功能性材料等，这些新型材料一般由多种具有特定功能的材料组成，采用这些复合材料进行快速成型与加工，所得到的产品制件的各方面性能必优于采用单一材料制成的制件的性能。

除以上 1～3 用途中所列出个别的用途外，一般地，制造普通用途的制件都可采用 LOM、SLA、SLS 和 FDM 等技术。若属于 4～5 用途的制件，则采用 SLS 技术最为合适。

（二）成型制件的形状

对于外形较为复杂或薄壁型的小型产品，比较适合采用 SLS、SLA 和 FDM 等技术进行快速成型的制作；对于较厚实的中、大型产品，则比较适合采用 LOM 快速成型技术进行加工与制作。

（三）产品制件的尺寸大小

每种快速成型技术与相应的设备所能制造的最大的产品尺寸都有一定的限制，工件的尺寸不能超过上述的限制值。若产品制件的尺寸超过成型设备所能加工的最大的极限值时，在产品各方面性能允许的情况下，可将产品分割成若干块，使每块的尺寸都不超过机器所能加工的极限值，然后分别进行快速成型，各部分加工完毕后再进行粘结，最终拼合成较大的产品制件。SLS、SLA 和 FDM

技术都可以进行拼接制作。对于薄形材料切割快速成型设备，它制作的产品制件具有较好的粘结性能和机械加工性能，较适合用于较大尺寸产品的加工和拼合加工。

（四）设备的运行成本

1. 购置成本　设备的购置成本除了包括购置快速成型设备的所有费用外，还包括相关的上、下游设备的所有费用。其中，下游设备除了需购进一般的表面喷涂、打磨与抛光等设备外，SLA 技术还需配备后处理工艺所需的固化用紫外箱；采用 SLS 技术时，还需配备后处理工艺中必用的烧结炉和渗铜炉等。

2. 运行成本　包括设备运行时所需的原材料、备件和维护费用、房屋、水电，以及设备的折旧费等。目前，采用聚合物为原料时，材料利用率与纸类材料相比，材料利用率较高。但这些材料不是工业中大批量生产的材料，因此价格比较昂贵，相比较而言，纸类材料比较便宜。

此外，对于采用激光为光源的快速成型设备，须考虑激光器的使用寿命、维修价格。例如，紫外激光器的使用寿命为 2000h 左右，其价格为 1 万美元左右；CO_2 激光器的使用寿命为 20000h，在此期限之后还可充气继续使用，但每次充气费用为几百美元。

（五）用户环境

这是一项非常重要却又易被忽视的因素。RP 设备技术含量高，购买、运行、维护的费用也比较高，对大多数企业来说，既要考虑自身的需要，又要考虑本地区用户的需求，并使其能在购置后最大限度地发挥功能，使设备满负荷运转，尽可能地为企业创造较大的经济效益。

总之，企业或用户在使用时，要综合考虑各方面因素，初步确定所选择的 RP 技术及相关设备的机型，然后对其设备的运行状况、制件质量等各方面因素都进行实地考察。在综合考虑各种因素后，最后再决定选用哪种 RP 快速成型技术与成型系统。

本 章 小 结

本章主要论述了 RP 技术及各种典型工艺，如 SLA、SLS、FDM、LOM、3DP 等技术的工艺原理与系统组成、工艺过程及技术特点、模型制作精度的影响因素、应用举例及各自的优缺点等，以及在具体的加工过程中，各种快速成型技术的比较及选用原则。

复习思考题

1. 目前比较成熟的快速成型技术有哪几种？它们的成型原理分别是什么？

2. 在目前比较成熟的 RP 技术中，哪些工艺需要另外设计与制作支撑？哪些方法工艺不需要制作支撑？光固化快速成型工艺常使用哪几种形式的支撑？

3. 常用的几种 RP 技术对其所使用的成型材料各有什么要求？列出几种 RP 技术所用的材料。

4. 液态光固化成型、粉末材料烧结成型、薄形材料切割成型、丝状材料熔融成型、三维打印成型等工艺的优缺点分别是什么？

5. 了解常用的 RP 技术及系统的选用原则。

第三章　快速成型材料及设备

内容提要

快速成型用材料是快速成型技术发展的核心和关键部分，它直接影响所加工原型制件的成型速度、精度以及物理和化学等性能，同时也影响原型制件的二次应用，以及用户对快速成型技术与设备的选择，因此一种新型材料的出现，往往会使相应的快速成型技术及其设备的结构、成型制件的品质和成型效益等产生巨大的进步。

1988 年第一台商品化的快速成型设备问世，它所采用的成型材料为液态光敏树脂。针对这种材料，分层叠加快速成型的加工制作方法是激光选择固化，出现了 SLA 型快速成型设备，能制作出类似塑料的成型制件。随着 RP 技术的飞速发展，成型用材料逐渐增多，出现了纸、蜡、塑料丝、塑料粉、金属复合粉、陶瓷复合粉等各种各样的成型材料，以及与之对应的 RP 设备，例如 LOM、FDM、SLS 和 3DP 等快速成型技术及相关设备，可加工出 ABS、陶瓷、金属等材料的高性能样件或模具，成型效率也大有提高。

快速成型材料及设备的研发始终是 RP 技术的核心内容，每一种 RP 技术的研发及推出都与新型 RP 材料及其相关设备的研发密切相关。RP 材料根据原型制件的加工制造原理、技术和方法的不同，分为粉状材料、丝材、薄层材料、液态材料等。不同的 RP 技术对应着不同的成型材料与相应的成型设备。随着快速成型技术的飞速发展和广泛应用，许多材料和相关设备的研发正在不断地进行，RP 材料及相关设备正向着高性能、系列化的方向快速发展。

一、快速成型用材料种类

每种快速成型技术都要求使用与其相适应的材料与成型设备。RP 材料的分类与其快速成型工艺及材料的物理状态、化学性能密切相关。

1. **按材料成型工艺分类**　可分为：SLA、LOM、SLS、FDM 等材料。

2. **按材料成型步骤分类**　可分为：直接成型用材料，例如反应型聚合物、非反应型聚合物、纸、金属、砂、陶瓷等；间接成型用材料，例如硅橡胶、金属基复合材料、陶瓷基复合材料、反应成型塑料等。

3. **按材料的物理状态分类**　可分为：粉末材料、丝状材料、液体材料、薄片材料等。

4. **按材料的化学性能分类**　可分为：金属材料、陶瓷材料、树脂类材料、石蜡材料以及各种复合材料等。

表 3-1 列出了常用的快速成型用材料。

表 3-1　常用的快速成型用材料

材 料 形 态	液态	固态粉末	固态丝材	固态片材
材 料 名 称	光敏树脂	覆膜陶瓷粉 覆膜砂 蜡粉 塑料粉 石膏粉 淀粉 陶瓷粉 金属粉 玻璃粉	ABS 丝 蜡丝 ABSi 丝 聚碳酸酯丝 聚苯砜丝 PC-ABS 丝 尼龙丝	纸 陶瓷箔＋粘结剂 塑料＋粘结剂
成 型 方 法	SLA	SLS、3DP	FDM	LOM

二、快速成型技术对材料性能的要求

（一）快速成型技术对材料的特殊要求

快速成型技术的核心问题是将成型材料一层层覆盖到待成型的原型制件表面，并用特定的方法对其进行粘结与固化，最终得到一个具有一定外形尺寸和功能结构的三维实体原型。快速成型用材料可呈现的物质形态主要是液态和粉末态，RP材料进行粘结与固化的主要工艺是借助粘结剂，将片型材料、树脂或塑料粘结与固化，每次粘结与固化的形式可分为点、线、面三种形式。

表 3-2 列出了目前各种 RP 材料的成型工艺、厂家及产品名称。

表 3-2　各种 RP 材料的成型工艺、厂家及产品名称

成 型 材 料	成 型 工 艺	生 产 厂 家	产 品 名 称
液态光敏树脂	激光引发链式固化反应	美国 3D 公司	SLA
		美国 Acroflex	Solid lmaSer
		日本 C-MET	SOUP
		日本 Denken	SLP
		日本 D-MEC/Sony	SCS/JSC
		日本 Teijin Seiki	Solifonn
		日本 Meiko	Meiko
		日本 Ushio	Unirapid
		德国 Fockele & Schwane	LMS
纸	激光切割层叠粘结	美国 Hel isys	LOM
陶瓷	三维喷打	美国 Soligen	DSP
塑料粉末	选择性激光烧结	美国 DTM	Sintrerstation
		德国 EOS	EOSNT P
	熔融挤注成型	美国 Stratasys	FDM
	喷射粘结	美国 3D 公司	Actua

（续）

成 型 材 料	成 型 工 艺	生 产 厂 家	产 品 名 称
金属粉末	金属粉末的熔融成型	德国 EOS	EOSINT M
	金属粉末外包覆粘结剂的	德国 EOS	SLS
	材料用选择性激光烧结	美国 DTM	SLS

1. 与快速成型过程有关的材料问题　RP 技术用材料选择的恰当与否，将影响 RP 技术能否顺利成型，以及成型后的原型制件的形状及尺寸。为了保证 RP 技术能顺利成型制件，成型用材料必须容易固化与粘结，并且成型后还需具有一定的强度等特性。此外，有些固化粘结工艺除采用激光光源外，还要求成型用材料自身的热影响区小、烧结或化学反应产生的应力小、成型边界清晰等特性。同时，有些成型用材料还应能被激光穿透，以保证快速成型制件的深度。

此外，对液态光敏树脂成型材料的要求较高，其黏度不应太高，以保证铺层平整，并减少 Z 轴向成型的等待时间，固态粉末的颗粒度和自由度大小需适中，不能太大或太小，要求材料各方面性能要均匀稳定。若颗粒太大，则原型制件的精度差且不易烧结；若颗粒太小，则烧结深度浅且粉末容易飞扬。

2. 与成型制件性能有关的材料问题　成型制件在成型过程中收缩变形要小，以便实现较小层厚来保证制件表面质量。成型制件除了需具备足够的强度和韧性外，还要具有耐潮湿和外力冲击等特性，若将其用作模具时，还要具备一定的热物理性能，成型制件要相对稳定，并且对人体没有任何的毒副作用等。

（二）快速成型技术对材料性能的总体要求

（1）有利于精确地、快速地加工原型制件或模型。

（2）保证原型制件具有一定的力学性能及稳定性。采用 RP 系统直接加工制造出的功能制件，原材料的各方面性能最好能接近原型制件，即强度、耐湿性、热稳定性等要基本符合实际产品的需求。

（3）制作的原型制件具有一定的尺寸精度和稳定性。

（4）各种快速成型工艺都应能快速地实现一层层的加工、层与层之间的粘结。

（5）RP 技术成型制件应具备概念型、测试型、模具型、功能零件型四个功能，所用成型材料要与之相适应。

概念型原型制件对成型材料的主要要求是成型速度快，对成型精度和物理化学特性要求不高，如对光敏树脂，只要求其具有较大的穿透深度和较低的黏度，以及较低的临界曝光功率。对于测试型原型制件，为满足其测试要求，对其材料成型后的刚度、强度、耐蚀性、耐温性等都有一定要求。对于装配测试用原型制件，对其材料成型的精度还应有一定要求。对于模具型原型制件，要求其材料要适应具体模具制造的基本要求。对于消失模铸造用原型，要求其材料较容易去除。对于功能零件用原型制件，则要求其材料具有较好的力学和化学性能。

（6）对 RP 技术常用材料的要求。由于 RP 技术的特殊性，对其成型材料有一定的特殊要求，如 LOM 技术要求选用易切割的片材，SLS 技术要求选用颗粒度较小的粉末，SLA 技术要求选用可光固化的液态树脂，FDM 技术要求选用可熔融的线材，3DP 技术要求选用非金属颗粒度较小的粉末材料。

对各种 RP 技术，材料性能的总体要求是：快速、精确地进行原型制件的加工制作，成型后的制件具有一定的强度和硬度等特性，以便后续的工艺处理。对于直接用作功能原型制件用材料应具有相应的特点。

总之，RP 用材料的研发是和 RP 技术的应用紧密联系的，目前 RP 技术与应用正朝着直接生产功能性零部件的方向发展，所以成型材料的研发也在向着这方向发展。

第一节　光固化成型（SLA）材料及设备

一、光固化成型（SLA）用材料的特点、组成及分类

由于成型材料及其相关性能会直接影响成型制件的质量与精度，在材料的成型加工过程中，成型制件出现的各种形变都与成型材料有着密切的关系，因此 RP 材料是 SLA 技术以及其他 RP 加工制造中的主要问题。

SLA 技术用材料为液态光固化树脂材料，有时也称之为液态光敏树脂。光固化树脂材料具有特殊的一些性能，如收缩率小或无收缩，变形小，不用二次固化，强度高等。随着 SLA 技术的飞速发展，光固化树脂材料也不断地被研发和推广。

（一）SLA 技术用材料的特点

首先，光固化成型材料需具备两个基本条件：能够固化成型；成型后制件的形状、尺寸稳定。此外，还应满足以下条件：

（1）成型材料易于固化，成型后需具有一定的粘结强度。

（2）树脂成型材料的黏度不能太高，以保证所加工出来的每一层具有较好的平整性，同时减少液态树脂的流动时间。

（3）树脂成型材料自身的热影响区较小，收缩应力也较小。

（4）光线应对树脂成型材料有一定的穿透力，从而可获得具有一定固化深度的层片。

（二）SLA 技术用成型材料的组成、分类及光固化特性分析

光固化树脂成型材料主要包括齐聚物、反应性稀释剂及光引发剂三种成分。根据引发剂的引发机理，光固化树脂材料可分为三类：阳离子光固化树脂、自由基光固化树脂、混杂型光固化树脂。其中，混杂型光固化树脂材料为 SLA 工艺新研制出的新型材料。

齐聚物是光固化成型材料的主体，它是一种含有不饱和官能团的基料，其末端有可以聚合的活性基团，因此一旦有了活性种，它就可以继续聚合长大，而且

一旦聚合，其相对分子质量上升的速度非常快，立刻就可成为固体。齐聚物决定了光固化成型材料的基本物理和化学性能，如液态树脂的黏度、固化后的强度和硬度、固化收缩率和溶胀性等。

1. 阳离子光固化树脂　阳离子光固化树脂材料的主要成分为环氧化合物。SLA技术用阳离子型齐聚物和活性稀释剂一般是阳离子和乙烯基醚。阳离子具有以下优点，因此它是目前最常用的阳离子型齐聚物。

（1）固化后收缩小，产品制件的精度较高。

（2）黏度值较低，生产成型制件的强度较高。

（3）由于阳离子聚合物是活性聚合，因此在光熄灭后还可以继续引发聚合。

（4）氧气对自由基的聚合有阻聚作用，但对阳离子树脂几乎没有影响。

（5）采用阳离子光固化树脂制成的制件可直接用于注射模具。

2. 自由基光固化树脂　目前用于光固化成型材料的自由基齐聚物主要有三类：聚酯丙烯酸酯、聚氨酯丙烯酸酯、环氧树脂丙烯酸酯。聚酯丙烯酸酯材料的流平性较好，固化质量也较好，其成型制件的性能可调节范围较大。采用聚氨酯丙烯酸酯材料成型的制件可赋予产品一定的柔顺性与耐磨性，但聚合的速度较慢。环氧树脂丙烯酸酯材料聚合的速度较快，成型制件的强度极高，但脆性较大，产品制件的外形易变色发黄。

3. 混杂型光固化树脂　最近，西安交通大学通过研究开发，以固化速度较快的自由基光固化树脂材料为骨架结构，再以收缩、变形小的阳离子光固化树脂材料为填充物，制成混杂型光固化树脂材料，并将其用于SLA技术。此种混杂型光固化树脂材料的主要优点是：可提供诱导期较短、聚合速度稳定的聚合物；可以设计成无收缩的聚合物；阳离子在光消失后，仍然可以继续引发聚合等。经实验检验，采用混杂型光固化树脂作为SLA技术的原材料，可以得到精度较高的原型制件。

SLA技术用稀释剂包括多官能度单体、单官能度单体两类。目前采用的添加剂有：阻聚剂、光固化剂、燃料、天然色素、UV稳定剂、消泡剂、流平剂、填充剂和惰性稀释剂等。其中阻聚剂尤其重要，它是保证液态树脂材料在容器中存放较长时间的主要因素。

光引发剂是刺激光敏树脂材料进行交联反应的特殊基团，当受到特定波长的光子作用时，它就会变成高度活性的自由基团作用在齐聚物上，促使其产生交联反应，使其由原来的线状聚合物变为网状聚合物，最终呈现为固态。光引发剂的性能决定了光固化树脂成型材料的固化程度与固化速度。

二、SLA典型材料介绍

SLA技术用材料根据其工艺原理和原型制件的使用要求，应具有黏度低、流平快、固化速度快且收缩小、溶胀小、无毒副作用等特点。

1. 3D System公司的ACCURA系列　3D System公司生产的ACCURA光固化成

型材料应用范围较广，几乎所有的 SLA 技术都可使用。

其中，ACCUGEN™材料在进行 SLA 技术光固化后，制成的原型制件具有较高的精度和强度、较好的耐吸湿性等综合性能。此外，ACCUGEN™材料的成型速度也较快，且原型制件形状、尺寸的稳定性也好。

使用另外几种 ACCURA 系列的成型材料成型后的制件的各方面综合性能也较好。例如 SI10 材料，固化后原型制件的强度和耐吸湿性好，原型制件的精度和质量也较高。SI20 材料在进行光固化后能呈现出持久的白色，具有较好的强度和耐吸湿性，成型速度较快，尤其适用于加工制作较精密的原型制件、硅橡胶真空注型的母模等。近期新推出的 BLUESTONE 树脂材料，固化后原型制件具有较高的刚度和较好的耐热性，适用于进行空气动力学试验；制作照明设备，也适用于真空注型或热成型模具的母模的加工制作等。

2. Vantico 公司的 SL 系列　Vantico 公司提供了 SLA 技术用一系列光固化树脂材料，其中 SL 5195 环氧树脂具有较低的黏性，较高的强度、精度与较低的表面粗糙度，适合加工制作功能模型、熔模铸造模型、可视化模型、装配检验模型以及快速模具的母模等。此外，SL5510 材料是一种多用途、尺寸稳定和精确的材料，可以满足多种生产的需求，尤其适合在较高湿度条件下的应用，如复杂型腔实体的流体研究等。现在已按照 SL 5510 制定了原型制件精度的工业标准，最近，Vantico 公司新研制出 SLY-C9300 材料，它可以进行有选择性地区域着色，也可以生成无菌的原型制件，极适用于医学领域的器官内部可视化的应用场合。

3. DSM 公司的 SOMOS 系列　近期美国 DSM 公司研发出 SLA 技术用材料有20L、9910、9120、11120、12120 等。

三、SLA 材料的应用与研发现状、研究方向

由上面介绍得知，SLA 技术常用原材料为液态热固性光敏树脂材料。目前，研制开发出的树脂材料多种多样。大多数树脂材料从液态变成固态时都会发生收缩，内部残余应力的存在也会导致成型制件发生应变变形，为此应研制开发具有较小收缩率的树脂材料。此外，光敏树脂材料硬化后应该具备所需的一些物理性能，例如易燃性、耐蚀性、导电性和柔性等。因此，应依据不同的应用场合选择不同特性的光敏树脂材料。

目前，液体热固性光敏树脂较为广泛地应用于由 CAD 设计提供的样件和试验模型等。此外，也可以通过在光敏树脂材料中加入其他成分，用 SLA 原型制件代替熔模精密铸造中用的蜡膜间接生产金属零件；还可以借鉴失蜡铸造中的蜡模，以熔模铸造的方式加工出各种金属零件。最近，美国采用紫外光照射固化树脂基体的方法，制备出了短纤维和连续纤维增强复合材料，但所制得的复合材料中的纤维含量极低，远未达到复合材料结构的最低要求。

在国外，SLA 技术专用光敏树脂一般由大公司研制、开发与生产，已形成系列产品。目前主要有以下四大系列：DuPont 公司的 SOMOS 系列、Ciba 公司生产的

CibatoolSL 系列、Zeneca 公司的 Stereocol 系列和快速成型 C 公司（瑞典）的快速成型 Cure 系列。SOMOS 系列最近新研制出 SOMOS 8120 材料，该材料的性能类似于聚乙烯和聚丙烯，特别适合制作功能零件，也有很好的防潮、防水性能。Cibatool-SL 系列的新品种有两种：CibatoolSL-5510 材料，这种树脂可以达到较高的成型速度和成型精度，且具有较好的防潮性能；CibaltoolSL-5210 材料，可用于炎热、潮湿的环境作业中，如水下作业等。

近期，国内研发的光敏树脂材料主要是紫外光固化光敏树脂材料，与 SLA 型设备相配套的专用光敏树脂材料也在研究与开发当中。南京理工大学的研究人员采用环氧丙烯酸酯预聚物、POTMPTA 单体，并采用 FL（IPh2）2 作为引发剂，研制出了不同配比的可见光 SLA 专用固化树脂材料。

SLA 技术成型速度较快，精度较高，尤其适用于制作细、薄零件。SLA 技术由于使用的原材料为液态，因此在制作中空结构的成型制件方面有独特的优点。但由于树脂材料在其固化过程中易产生收缩，会使成型制件内部产生应力或引起制件的外观变形，而且 SLA 激光器的价格比较昂贵、寿命短、运行费用高，所以研发出固化速度快、强度高、收缩系数小、价格低廉的光敏树脂材料是今后 SLA 技术用材料的发展趋势。

具体来说，未来对 SLA 技术用材料的研究与开发，应朝着以下几个方向进行：

（1）开发出高固化速度、低收缩率、变形小的 SLA 技术用材料，在保证成型制件精度的同时，尽可能提高加工速度。

（2）开发出各种功能性的 SLA 技术用材料，使成型制件具有较好的导电性、导磁性及力学性能等，以便成型制件能够直接使用或进行一些功能测试。

（3）研发出无毒害、无污染的环保材料。

（4）降低光敏树脂材料的成本。

四、SLA 相关设备

此项技术的开拓者是美国 3D System 公司，其制造系统（Stereo Lithography Apparatus，简称 SLA 系统）现有多个商品系列。同时，该公司一直致力于研究如何提高成型制件的精度，以及激光诱导光敏树脂材料聚合的物理、化学过程，并提出了一些有效的加工与制造方法。

3D System 公司自 1988 年推出 SLA-250 机型后，于 1997 年又推出了 SLA-250HR、SLA-3500 机型，如图 3-1 所示；近期又推出了 SLA-5000、SLA-7000 机型，如图 3-2 所示。随后又推出了 Viper SLA 系统，技术上逐渐更新换代。其中，SLA-3500 和 SLA-5000 设备使用的激光器为半导体激励的固体，扫描速度分别为 2.54m/s 和 5m/s，成型层厚最小为 0.05mm；SLA-7000 设备的成型层厚最小为 0.025mm，扫描速度提高到了 9.52m/s，成型空间为 508mm×508mm×600mm，其最大特点是制件的成型质量好，成型速度较快，同时有效地减少了后处理时间。

近些年 3D System 公司推出的 Viper Pro SLA 系统如图 3-3 所示，其采用标准成

a)　　　　　　　　　　b)

图 3-1　3D System 公司早期设备机型

a) SLA-250 机型　b) SLA-3500 机型

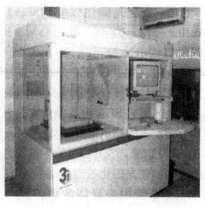

a)　　　　　　　　　　b)

图 3-2　3D System 公司近期设备机型

a) SLA-5000 机型　b) SLA-7000 机型

型和高精度成型两种成型方式。标准成型的方式可达到质量和成型时间的平衡，高精度成型方式适用于较小零件的加工与制作。两种模式的实现是因为有两个独特的数字处理器控制着激光聚焦扫描系统。此系统尤其适合制作垂直型薄壁零件。

此外，该公司还采用了一种新技术，即在每一成型层加工完毕后，在该层上用真空吸附式刮板涂一层 0.005~0.1mm 的待固化树脂材料。此项技术能使成型制件的成型时间平均缩短 20%。

除了 3D System 公司，国内外的 SLA 技术研究人员在 SLA 工艺的成型机理、控制成型制件的变形、提高制件的精度等方面进行了大量研究。例如，日本帝人精制公司研发的 SOLIFORM 系统可用来直接注射真空注射模具。此外，日本的 SLA 技术不使用紫外光源，如日本 AUTOSTRADE 公司和 Denken En neering 公司使用半导体

激光器作为光源，此项技术大大降低了 SLA 设备
的价格，尤其是 AUTOSTRADE 公司的 EDARTS 机
型，采用的光源是从下部隔着玻璃往上照射树脂
液面，此项技术也使得该设备价格大大降低。在
提高制品精度方面，DeMonffort 大学研发了一种
Meniscus Smoothing 技术，该技术主要是降低成
型制件的表面粗糙度。此外，Clemson 大学开发
出旋转工件工作平台，此项技术可减少分层制造
中的台阶问题。

近期，英国 Nottingham 大学提出了一种对
SLA 成型表面修复的工艺，该工艺可降低成型制
件的表面粗糙度。此项工艺的主要内容是：在一
层扫描加工完毕后，工作台上升两个层厚，在层

图 3-3　3D System 公司
Viper Pro SLA 机型

与层之间的台阶上吸附上部分树脂，此时由于表面张力的作用，吸附的这部分树
脂就会把台阶之间的空隙填充起来，然后再用激光照射使其固化，这样就将台阶
之间的缝隙填补完整，从而降低成型制件的表面粗糙度。

表 3-3 列出了典型的 SLA 快速成型设备的主要参数及用途。

表 3-3　典型的 SLA 快速成型设备的主要参数及用途

机型 技术参数	Viper si2	SLA 7000	Viper Pro
激光器类型	YVO4	YVO4	YVO4
激光器功率/mW	100	800	1000
激光器寿命/h	7500	5000	5000
最大扫描速度/（m/s）	5.0	9.52	25
最大制作空间（长×宽×高）/mm	$250 \times 250 \times 250$	$508 \times 508 \times 584$	$1500 \times 750 \times 500$
最大制作质量/kg	9.1	68	75
加工层厚/mm	0.05~0.15	0.025~0.127	0.05~0.15
主要用途	注射和熔模铸造的母模；具有精密细部的工件；中小概念模型；中小尺寸的原型	精密原型和概念模型；注射和熔模铸造的母模；小批量生产的工件；快速制模	精密原型和概念模型；注射和熔模铸造的母模；小批量生产的工件；快速制模

在国内，西安交通大学研发出了 LPS、SPS 和 CPS 系列 SLA 成型设备，以及相应配套的光敏树脂材料。其中 SPS 的扫描速度最大可达 7m/s，最大成型空间可达 600mm×600mm×500mm。该设备的最大特点是减小了成型制件翘曲等形变，并提高了原型制件的表面质量。另外，CPS 成型设备采用紫外灯作为光源，设备价格较低廉，运行费用也极低，是一种经济型的设备。

图 3-4 所示为西安交通大学成功研发的 LPS-600 型激光快速成型设备，其最大特点是：关键部件采用进口器件，性能可靠；采用汉化软件界面，操作简便；成型制件的加工精度较高，成型设备购置成本低；性价比高。

LPS-600 型激光快速成型设备的主要技术参数如下：

外形尺寸：1.1m×1.7m×1.9m；

激光器波长：325nm；

激光器功率：32~45mW；

扫描系统：光斑直径 0.2mm；

扫描速度：0.2~2m/s；

数据格式：∗.STL 文件格式；

加工尺寸：600mm×600mm×500mm；

加工精度：±0.1mm；

加工层厚：0.1~0.3mm。

图 3-4　西安交通大学 LPS-600 型激光快速成型设备

在成功研发 LPS-600 型激光快速成型设备的基础上，近期西安交通大学又研发出一款基于 SLA 的面成型 3D 打印机，如图 3-5 所示。该项技术的最大突破就是采用价格成本极其低廉的 LED 灯替代激光头工作，加工方式简单可靠，且成型速度与精度都有明显提高，相信其未来具有一定的发展与使用空间。

图 3-5　西安交通大学 SLA 面成型 3D 打印机

第二节　选择性激光烧结（SLS）成型材料及设备

一、选择性激光烧结（SLS）材料性能及特点

SLS 成型技术所使用的材料是微米级的粉末材料。当材料成型时，在事先设定好的预热温度下，先在工作台面上用辊筒铺一层粉末材料；在激光束的作用下，按照成型制件的一层层截面轮廓信息，对制件的实心部分所在的粉末区域进行扫描与烧结，即当粉末的温度升至熔点时，粉末颗粒的交界处熔融，进而相互粘结，逐步得到烧结的各层轮廓。在非烧结区的粉末仍然呈松散状态，可作为加工完毕的下一层粉末的支撑。

在各种 RP 技术中，SLS 成型技术是近年来人们研究与开发的一个热点，其成型制件的主要特点是：

（1）成型制件可直接加工制作成各种功能制件，如用于结构验证和功能测试，或可直接装配样机。

（2）SLS 成型技术用粉末材料多样化，不同材料加工的成型制件有不同的物理性能，可满足不同场合的需要。

（3）SLS 成型制件可直接用于精密铸造用的蜡模、砂型、型芯。

（4）SLS 成型技术不需要单独制作支撑，原材料利用率高。

（5）采用 SLS 成型技术制作出来的原型制件可快速翻制成各种模具。

（一）SLS 成型技术用材料的性能特点

SLS 成型用材料的性能对激光烧结的工艺过程、成型精度和成型制件强度都有很大影响。

1. 良好的烧结成型性能　无需特殊工艺，就可快速、精确地加工出原型制件。

2. 良好的力学性能和物理性能　对于直接用于功能零件或模具的原型制件，其力学性能和物理性能（如热稳定性、导热性、加工性能、强度及刚性等）需满足使用要求。

3. 便于后处理　原型制件还需进行一些后处理工序，因此后续工艺的接口性要好，以便快捷地进行后处理。

（二）SLS成型用材料对成型工艺的影响

1. 热塑性材料对成型工艺的影响　SLS成型用热塑性材料主要包括塑料及其与无机材料或金属的复合材料，如覆膜砂、覆膜陶瓷和覆膜金属等。一般的成型样件和精铸熔模常使用热塑性材料。

热塑性材料可分为晶态和非晶态两类。通常情况下，由于非晶态热塑性塑料从熔融状态到固态的转变过程中没有结晶，收缩率较低，故成型工艺容易控制。近年来，北京隆源自动成型有限公司、中北大学（原华北工学院）等国内几家研究SLS成型工艺与技术的单位研发出的有机ABS、PS等，都属于非晶态的高分子材料。

晶态热塑性材料的特点是材料本身的模量和强度都较高，而且在熔点以下粉末颗粒不会粘结，故易于控制材料的成型温度，可以获得较高密度的成型制件。但是结晶类原材料也有缺点，即当它从熔体到固体转变时存在着结晶相变，材料在成型时收缩变形大，因此必须降低结晶类原材料的收缩率。目前，已使用的结晶类成型材料仅限于尼龙及共聚尼龙两种类型。然而，结晶类成型材料具有较高的韧性和强度，因此其发展空间较大。

2. 热固性成型材料对成型工艺的影响　SLS成型用热固性成型材料的成型过程是：在激光的热作用下，材料各分子间发生交联反应，致使粉体颗粒彼此粘结。最常用的热固性材料是酚醛树脂和环氧树脂。通常情况下，此类材料作为粉末颗粒间的粘结剂使用，因此树脂颗粒在母体材料表面的包覆状态、熔化黏度以及反应时间等是影响成型制件强度的关键因素。

采用热固性树脂材料成型的优点是尺寸稳定、原型制件变形小且价格低廉；缺点是其固化反应时间通常高于激光扫描的停留时间，并且有时会出现在原型制件成型后某些地方还未充分反应的现象，因此原型制件的初始强度一般都较低，必须进行后期的固化等后处理工艺。目前，使用较成熟的是树脂砂热固化成型材料，它可用于成型铸造的型壳和型芯。

SLS成型用材料的性能对成型过程的影响见表3-4。

表3-4　SLS成型用材料的性能对成型过程的影响

材料性能	主要作用
粉末粒径	粒径大，不易于激光吸收，易变形，成型精度与表面粗糙度差；粒径小，易于激光吸收，成型效率低，表面质量好，强度低，易烧蚀、污染
颗粒形状	影响粉体堆积密度，进而影响表面质量、流动性和光吸收性。其最佳形状是接近球形
熔体黏度	黏度小，易于粘结且强度高，但热影响区大
熔点	熔点低时易于烧结成型；反之，则易于减少热影响区，提高分辨率
模量	模量高时不易发生变形
玻璃化温度	若是非晶体材料，其影响、作用与熔点相似
结晶温度与结晶速率	在一定的冷却速率下，结晶温度越低，结晶速率越慢，越有利于成型工艺的控制
堆积密度	影响成型制件的强度和收缩率
热吸收性	由于CO_2激光的波长为$10.6\mu m$，因此要求成型材料在此波段的区间内有较强的吸收特性，才能使粉末材料在较高的扫描速度下进行熔化和烧结
热传导性	若材料的导热系数小，可以减少热影响区，则能保证成型制件的尺寸精度，但成型效率较低
收缩率	要求材料的膨胀系数、相变体积收缩率应尽量小，以减少成型制件的内应力和变形
热分解温度	一般情况下，材料具有较高的分解温度
阻燃及抗氧化性	要求材料不易燃且不易氧化

二、SLS成型用材料的种类及其特性

SLS成型用材料均为粉末材料。目前，SLS成型用材料既可选用热固性塑料，也可选用热塑性塑料。SLS成型用材料的种类主要有以下几种：

1. 高分子材料　在高分子材料中，SLS技术经常使用的有：ABS、尼龙（PA）、尼龙与玻璃微球的共混物、蜡粉聚碳酸酯（PC）、聚苯乙烯粉（PS）等。

目前，已商品化的SLS成型用高分子材料主要是由美国DTM生产与制造的，包括：

（1）Polycarbonate（聚碳酸酯）。其特点是热稳定性良好，可用于精密铸造。

（2）Polystyrene（聚苯乙烯）。采用此材料需要用铸造蜡处理，以提高成型制件的强度和表面质量，其工艺与熔模铸造兼容。

（3）DuraForm PA（尼龙）。其特点是热与化学稳定性优良。

（4）DuraForm GF（添加玻璃珠的尼龙粉末）。其特点是热与化学稳定性优良，并且成型制件的尺寸精度也很高。

2. 金属材料　采用金属为主体的合成材料制成的成型制件硬度较高，能在较高的工作温度下使用，因此此种模型制件可用于复制高温模具。目前，常用的金属基合成材料主要是由以下两种材料组成：金属粉末材料（如铜粉、锌粉、铝粉、不锈钢粉末、铁粉等）、粘结剂（主要是高分子粉末材料）。

　　SLS 成型用金属粉末材料可分为直接与间接成型两种金属粉末材料。商品化的直接成型材料是德国 EOS 的 DirectSteel 20-V1（其中主要为钢粉末），间接成型的金属粉末主要有美国 DTM 研发的 LaserFormST-100（不锈钢粉末）和 RapidSteel 2.0（金属粉末）。

　　3. 陶瓷材料　陶瓷粉末材料与金属合成材料相比具有更高的硬度，并且成型制件能在更高温度的环境中使用，也可用于复制高温模具。此外，陶瓷粉末具有很高的熔点，因此在陶瓷粉末里可加入低熔点的粘结剂。在激光烧结时，粘结剂首先熔化，熔化的粘结剂将陶瓷粉末粘结后成型，再通过后处理工艺便可提高陶瓷制件的性能。目前，常用的陶瓷粉末材料有：Al_2O_3、SiC、ZrO_2 等。其粘结剂有：无机粘结剂、有机粘结剂和金属粘结剂。

　　中北大学（原华北工学院）研发的覆膜陶瓷粉末（CCPi）各方面性能较好，粒度也较小（160~300 目），并且烧结制件变形很小，尺寸稳定。

　　4. 覆膜砂粉末材料　用于 SLS 技术的覆膜砂表面涂覆有粘结剂（如低分子量酚醛树脂等）。目前已商品化的覆膜砂粉末材料有：美国 DTM 研发的 SandForm Si（石英砂）、SandFormZR Ⅱ（锆石），以及德国 EOS 研发的 EOSINT-S700（高分子覆膜砂）。覆膜砂粉末材料主要用于加工制作精度要求不高的原型制件，也可用于汽车制造业及航空工业等砂型铸造模型及型芯的制作，适合单件、小批量砂型铸造金属铸件的生产，尤其适用于传统加工制造技术难以加工出来的金属铸件。

　　一般情况下，SLS 技术用材料要有一定的导热性、良好的热固性，而且经激光烧结后要有足够的粘结强度。此外，粉末材料的颗粒直径一般应在 0.05~0.15mm 范围内，否则会降低成型制件的表面精度。当采用覆膜陶瓷粉或覆膜砂制作铸造用型芯时，应具有良好的涂挂性以及较小的发气性等。

　　三、SLS 成型用材料的应用、研究现状与研究方向

　　目前，SLS 技术常用原材料主要是金属复合粉末、塑料、陶瓷和蜡等。用金属粉末可以制造金属结构件，用热塑性塑料可以制造消失模，用陶瓷可以制造铸造型壳、型芯和陶瓷构件，用蜡可以制造精密铸造用蜡模等。

　　目前，研究较多的主要是反应性树脂包覆的陶瓷粉、覆膜树脂砂等原材料，采用 SLS 技术，可将其烧结成模型或铸造型壳制件。南京航空航天大学利用 SLS 技术，采用覆膜树脂砂加工制造出了整体叶轮和齿轮、叶轮铸造蜡型、摩托车车灯及扶手原型等。首先，依据零件三维 CAD 模型提供的 STL 文件，采用分层切片数据处理软件，得到零件的激光扫描轨迹，再对其进行反求工作，把 CAD 设计的数据模型转变成为实体模型；最后，选择铸件分型面及浇注系统，烧结出精密铸造用型壳实体零件。

　　当前，SLS 技术研究和发展的另一热点，是直接用金属粉末烧结成三维实体零件。美国的 Austin 大学的 Agarwda 等人选用 Cu-Sn、Ni-Sn 混合粉末，Bourell 等人选用 Cu-(70Pb-30Sn) 粉末材料，比利时的 Schuere 等人选用 Fe-Sn、Fe-Cu 混合粉末，采用 SLS 技术，进行了金属粉末烧结试验，都成功地制造出了所需的金属零件。近期，美国 Austin 大学用 Ti-6Al-4V 合金和 INCONEL625 超合金成功地制造了用于 AIM-9 导弹的金属零件。美国航空材料公司研发成功了用于钛合金制件的 SLS 成型技术。目前，中国科学院沈阳自动化研究所、中国科学院金属所和西北工业大学等单位正致力于研究高熔点金属的 SLS 技术的研究工作。

SLS 技术系统虽然比较昂贵，但成型材料多种多样，材料价格也比较适中，利用率高且无废料，无需后处理，并且可加工制作出各种复杂形状的原型制件。但 SLS 技术成型速度较慢，制件强度与精度较低。为了提高原型制件的强度，SLS 成型用材料的研究方向正逐渐转向金属和陶瓷。

表 3-5 列出了近年来开发出的、较为成熟的 SLS 技术常用材料。SLS 技术是目前发展较为迅速的快速成型方法，应用也越来越广泛。

表 3-5　SLS 技术常用材料

SLS 材料	用　　途
石蜡	用于熔模铸造，制造金属型
聚碳酸酯	坚固耐热，可制造出微细轮廓及薄壳结构，也可用于消失模铸造，取代石蜡
尼龙纤维	能制造出测试功能用零件，合成尼龙制件具有最佳的力学性能
钢铜合金	可用于制作注射模，具有较高的强度

四、SLS 技术用设备

目前，研究 SLS 技术用设备的单位有美国 DTM 公司、EOS 公司等。从 1992 年开始，DTM 公司先后推出了 Sinterstation 2000、2500 和 2500Plus 机型设备。其中，2500Plus 机型的体积比以前增加了 10%，如图 3-6 所示。该设备通过对加热系统进行优化处理，减少了辅助时间，提高了制件的成型速度，精度高且表面质量好，有些原型制件还可以省去后处理（如抛光）等工序。

从 1998 年开始，Optomec 公司先后推出了 LENS 750 和 LENS 850-R 机型，如图 3-7 所示。该设备以金属或金属合金为原材料，采用激光净成技术使得金属直接沉积成型。

图 3-6　DTM 公司 2500Plus 机型

在国内，华中科技大学近期开发出了采用 SLS 技术的 HRPS 系列成型设备，如图 3-8 所示，具体的技术参数见表 3-6。

图 3-7　Optomec 公司 LENS 750 和 LENS 850-R 机型

图 3-8　华中科技大学 HRPS 系列机型

表 3-6　华中科技大学 HRPS 系列机型技术参数

型　号	HRPS-ⅡA	Hnps-ⅢA	HⅢS-ⅣA
激光器	50W，CO_2 进口	—	—
主机外形尺寸（长×宽×高）/mm	1900×920×2070	2030×1050×2070	2270×1150×2070
成型空间（长×宽×高）/mm	320×320×450	400×400×450	500×500×400
激光定位精度/mm	0.02		
激光最大扫描速度/(m/s)	4		
扫描方式	动态聚焦振镜式		
输送材料机构	三缸式，双送料桶		
可靠性	无人看管自动运作，故障自动停机		
设备应用软件	Power RP-S2004		

第三节　熔丝堆积（FDM）成型材料及设备

熔丝堆积（FDM）成型制造技术的关键部位为热融喷头，其最重要的内容就是成型用材料及其特性，如材料的熔融温度、黏度、粘结性和收缩率等都是 FDM 技术的关键。

从 FDM 成型工艺可知，FDM 材料首先须具备良好的成丝性能；其次，由于在 FDM 成型工艺过程中，原材料经历从固态到液态，又从液态到固态的转变过程，因此要求 FDM 材料在相变过程中必须具备良好的化学稳定性，且成型后收缩率较小。

由以上材料特性以及 FDM 技术得知，FDM 技术对成型材料的要求是低熔融温度、低黏度、粘结性好且收缩率小。FDM 技术制成的原型制件可用作功能构件，这就要求成型制件要有足够的堆积与粘结强度以及较低的表面粗糙度；FDM 制件也可代替熔模铸造中的蜡模，这就要求 FDM 成型制件须满足熔模铸造中对蜡模性能的需求。

一、FDM 技术用材料的性能及特点

FDM 技术用材料为丝状的热塑性材料，如 ABS 丝、石蜡、尼龙丝等低熔点材料或低熔点金属、陶瓷等丝材。目前，用于该技术的材料主要是美国 Stratasys 的 ABS P400、ABSi P500、消失模铸造蜡丝和塑胶丝等。ABS 丝属于热塑性材料，其烧结成型性能较好，并且成型制件的强度较高，被广泛用于快速制造原型制件及功能制件。

ABS 是由丙烯腈、丁二烯和苯乙烯三种化学单体合成的共聚物，每种单体都有各自不同的特性：丙烯腈具有高强度、热稳定性及化学稳定性；丁二烯具有坚韧性、抗冲击等特性；苯乙烯具有易加工、高强度及低的表面粗糙度。三种单体组成的 ABS 材料，具有耐高温性、抗冲击性及易加工性等多种特性。

1998 年，澳大利亚的 Swinbum 工业大学研究出一种金属与塑料复合丝束。1999 年，Stratasys 公司开发出的水溶性支撑材料，有效地解决了复杂的制件、小型孔洞等内部支撑材料很难去除的难题。

二、FDM 技术用成型材料的种类及特性

FDM 用材料是 FDM 技术的核心部分，可分为两部分：成型材料与支撑材料。成型材料主要有 ABS、ABSi、MABS、蜡丝、聚烯烃树脂丝、尼龙丝及聚酰胺丝等。

（一）FDM 技术用成型材料的特性及要求

FDM 技术对材料的具体要求是黏度低、熔融温度低、粘结性好且收缩率小。影响材料挤出过程的主要因素是丝束的黏度。材料的黏度若低，则流动性好，阻力就小，这有助于丝束顺利地从熔融喷头中挤出；材料的黏度过高，则材料的流

动性差，阻力就大，造成丝束不能顺利地从熔融喷头中挤出，从而影响成型精度及表面质量。

其次，FDM 技术要求其成型材料的熔融温度要尽可能低，这有利于材料在较低的温度下顺利挤出，同时也可提高喷头和整个机械系统的寿命，还可以减少材料在挤出前后的温差，减少热应力，从而提高原型制件的表面精度。

此外，FDM 技术要求其成型材料具备较好的粘结性。粘结性的好坏直接影响制件的强度。由于 FDM 技术是基于分层叠加型技术，故层与层之间的连接是零件强度最弱的地方。若粘结性过低，在成型过程中由于热应力的影响，可能就会造成层与层之间的开裂。因此，FDM 技术用材料应具备较好的粘结特性。

收缩率也是影响成型精度一个主要因素。当丝束在挤出时，喷头内需要保持一定的压力，材料才能顺利被挤出，丝束在挤出后，尤其是在熔融喷头的出口处，会出现挤出胀大现象，即造成喷头挤出的丝束直径与喷嘴的实际直径相差太大，这将严重影响材料的成型精度。同时也可能会产生热应力，严重时会使成型制件出现翘曲及开裂现象。因此，FDM 技术用材料的收缩率要尽可能低，以免引起成型制件的尺寸误差。

（二）FDM 支撑材料的特性及要求

FDM 技术对支撑材料的具体要求是：与成型材料不相融、具有较低的熔融温度、流动性好、能够承受一定的高温、具有水溶性或者酸溶性等特性。其具体要求如下：

1. 能承受较高的温度　由于 FDM 技术用支撑材料与成型材料相互接触，所以支撑材料须能承受成型材料的高温，并在此温度下不发生分解和熔融，且在空气中能够较快冷却，因此支撑材料须能承受 100℃ 左右的温度。

2. 与成型材料不具亲和力，以便后处理　支撑材料虽然是 FDM 技术中必需的辅助成型材料，但在成型制件加工完毕后应该将其去除，因此支撑材料应与成型材料不具备亲和力，以便容易去除。

3. 具有水溶性或者酸溶性等特性　FDM 技术的最大优点是可以成型具有任意复杂外形和内部结构的零件，经常用于制作具有复杂的内腔、孔等结构的零部件。因此，为了便于后续处理，支撑材料在材料的选择上应该是能够在某种液体里快速溶解，并且这种液体应无污染、无毒。目前大量使用的成型材料一般为 ABS 丝束，该材料不能溶解在有机溶剂中。鉴于此，Stratasys 公司目前已研发出水溶性支撑材料。

4. 具有较低的熔融温度　若熔融温度低，则成型与支撑材料在较低的温度下就可顺利挤出，从而提高喷头的使用寿命。

5. 流动性好　FDM 技术对支撑材料的成型精度要求不高，因此为了提高设备的扫描速度，要求支撑材料具有较好的流动性。

三、FDM 材料的研究现状与研究方向

（一）研究现状

自 1993 年起，Stratasys 公司先后推出了 FDM-1650、FDM-2000、FDM-3000 和 FDM-8000 等机型，尤其是在 1998 年，Stratasys 公司推出了 FDM-Quantum 机型，其最大成型体积为 600mm×500mm×600mm，并可同时控制两个挤出头喷出丝束，因此其成型速度是以往机型的 5 倍。

1999 年，Stratasys 公司开发出水溶性支撑材料，有效解决了复杂内部形状，尤其是复杂孔洞中的支撑材料难以去除或是根本无法去除的难题。

目前，Stratasys 公司研发出了适合办公室使用的 Vantage 系列产品，其最大特点是成型速度快，成型空间大，最大成型空间可达 406mm×355mm×406mm。成型材料为 ABS 和聚碳酸酯丝束，支撑材料分别为水溶性支撑材料和 BASS（Break Away Support Structure）去除性支撑材料。在此基础上又开发出了 FDMTitan 系列产品，成型材料扩展为 ABS、聚碳酸酯和 Polyphenylsulfone 等材料，成型空间可达 406mm×355mm×406mm。此外，还有成型速度更快的 FDM Maxum 系列产品，其成型空间达 600mm×500mm×600mm。由于这些设备配备了动态控制技术，因此成型精度比以前提高了 50%。另外，又研发出了适合成型小零件的紧凑型 Prodigy Plus 机型，成型空间为 203mm×2031nm×305mm，成型材料为 ABS 丝束，支撑材料为水溶性支撑材料。以上各种机型，针对不同的材料可生成最优的支撑结构，大大提高了成型速度，从而节约了成型时间。

FDM 技术作为非激光成型制造系统，其最大优点就是成型材料的广泛性。目前，FDM 技术所用材料主要是 ABS、石蜡、铸蜡、人造橡胶、聚酯等低熔点材料以及低熔点金属、陶瓷等的丝束材料。FDM 技术可以制造 ABS 塑料、蜡、尼龙零件，也可直接加工制作出金属或其他材料的原型制件。其中，ABS 塑料制件的翘曲变形比 SLA 技术要小，制得的石蜡原型能够直接用于精铸蜡模的制造。此外，在熔丝线材的研究方面，澳大利亚 Swinbum 工业大学于 1998 年，研发出了一种塑料和金属的复合丝。

这种方法存在的问题有：只适合加工制作中、小型塑料制件；成型件的表面有较明显的条纹，不如 SLA 法的成型件好；沿成型轴垂直方向的强度比较弱，需设计、制作支撑结构，并且需对整个截面进行扫描涂覆，因此成型时间较长。

（二）FDM 技术的研究方向

由于具有成型材料广泛、体积小、不使用激光、无污染等优点，因此 FDM 技术是未来办公室环境理想的加工与制造系统。总结近年 FDM 技术与设备的使用情况，今后 FDM 技术的研究应该在以下几方面开展：

（1）缩短大面积实体制件成型时间。

（2）尽量取消支撑结构，以减少材料的消耗。

（3）增强成型制件的垂直方向的强度。

（4）提高成型制件表面的光洁度。

（5）降低原材料较昂贵的价格成本。

四、FDM 技术用设备

目前，研制 FDM 技术用设备的主要有美国 Stratasys 公司、MedModeler 公司和国内的清华大学等。1998 年，Stratasys 公司与 Med Modeler 公司合作研发出了专用于医学研究领域的 MedModeler 机型，1999 年，又推出了可使用聚酯塑料的改进机型 Genisys-Genisys Xs，其成型体积最大可达 305mm × 203mm × 203mm。在快速成型软件方面，Stratasys 公司研发出了针对 FDM 系统的 QuickSlice 6.0 和针对 Genisys 系统的 AutoGen 3.0 软件包，并采用了触摸屏，使操作更加直观简便。各种机型外观图如图 3-9 所示。

a)　　　　　　　　　　　　　　b)

c)　　　　　　　　　　　　　　d)

图 3-9　FDM 设备各种机型外观图

a）FDM-1650　b）FDM-Quantum　c）Genisys-Genisys Xs　d）MEM450

目前，美国的 Stratasys 公司是 FDM 快速成型设备的主要供应商，其产品具有国际领先地位，现在已可直接采用彩色 ABS 丝材制作出用于装配校验或功能试验的彩色原型。

　　近期，该公司又推出了三种 FDM 快速成型设备，其主要技术参数见表 3-7。这些设备支撑结构采用水溶性材料，并且提供水解装置，因此可以一次性制作出由若干零件组装配好的产品或零部件。

表 3-7　**Stratasys 公司 FDM 快速成型设备的主要技术参数**

机　　型	FDM200MC	FDM400MC	FDM900MC
材　　料	ABSplus 塑料丝束	ABS-M30 塑料丝束	ABS-M30，PPSF 丝束
制作和支撑材料用	922cm³/卷，各一卷	1058cm³/卷，各两卷	1510cm³/卷，各两卷
制 作 空 间	203mm×203mm×305mm	355mm×254mm×254mm	914mm×610mm×914mm
构 建 精 度	±0.127mm		
可加工层厚	0.178～0.254mm，两种	0.178～0.33mm，四种	0.178～0.33mm，三种
设备外形尺寸	686mm×864mm×1041mm	1291mm×985mm×1962mm	2272mm×1683mm×2281mm

　　在这三种机型设备中，FDM 200MC 设备适用于办公环境，可作为网络化产品协同开发的外围设备。FDM 400MC 设备是目前各方面性能最好的中型 FDM 快速成型设备。FDM 900MC 设备的最大特点是成型速度快，且有两个工作室，可以单独或合并工作，适合制作大型功能试验用的原型制件。

　　此外，3D System 公司除了研发光固化快速成型系统及选择性激光烧结系统外，近期又研发出了熔融沉积式的小型三维成型设备 Invision 3-D Modeler 系列。该系列机型设备采用多喷头结构，成型速度较快，材料也具有多种颜色，同时也采用溶解性支撑，原型制件稳定性能较好，成型过程中几乎无噪声。图 3-10 所示为 3D System 公司研发出的 Invision 3-D Modeler 两款机型。

　　最近，同济大学与上海富奇凡机电科技公司合作，开发出了 TSJ 型快速成型设备，此设备配备一种螺旋挤压机构的喷丝头，这种螺旋挤压喷丝头具有较高的性能价格比，尤其适合高校教学使用。其外观及其工作原理如图 3-11 所示。此快速成型设备是一种台式机，主要由机架、工作台、可沿 Y 方向和 Z 方向移动的成型头、送丝机构和控制系统组成。

　　TSJ 型快速成型机型设备的关键部件是一个已申请专利的成型头。此设备的最

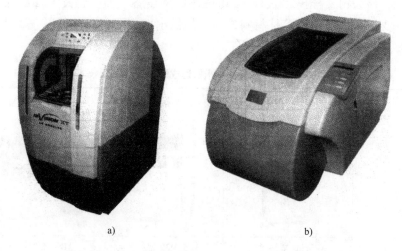

图 3-10 3D System 公司 Invision 3-D Modeler 两款机型

a）XT 3-D Modeler b）LD 3-D Modeler

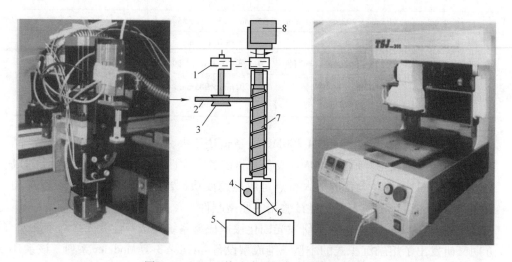

图 3-11 TSJ 型快速成型设备和螺旋喷丝头

1—齿形带 2—丝材 3—送料辊 4—电热棒
5—工作台 6—喷嘴 7—螺杆 8—电动机

大特点是：丝材流量大，挤出流量可达 0.05～0.4cm³/s；挤出均匀；原型制件表面质量好，内部材料的均匀性也较好；成型速度较快；可使用各种热塑性材料。此外，该设备的最大优点是它附带丝材制备系统，用户可自行配制混合丝材（如以增强型尼龙为基体的聚合物等），同时采用仿轮廓线法填充原型制件的横截面，因此原型的表面粗糙度低，强度较高，翘曲变形小，垂直强度也得到了保证。整机设备外形尺寸较小，其外形尺寸为 600mm×540mm×700mm，而原型制件的尺寸较大，最大加工尺寸可达 280mm×250mm×300mm，设备的性价比高。

第四节　分层实体制造（LOM）成型材料及设备

分层实体（LOM）快速成型技术中的成型材料包括以下三方面：薄层材料、粘结剂以及涂布技术等。薄层材料可分为金属箔、纸、塑料薄膜等。当前，LOM技术大多数情况下使用的材料为纸材；粘结剂采用厚度均匀、具有一定抗拉强度的热熔胶，并要求其具有较好的粘结性、涂挂性和湿润性等性能。由此可见，LOM技术有三个关键内容，即纸材料的合理选取、热熔胶的恰当配置、涂布工艺的合理安排。

最近，日本东京技术研究所研发出了专用于 LOM 技术的金属板材制造金属模具系统，它能直接加工出铸造用的 EPS 气化模，进而进行批量生产金属铸件。目前，除了研发出 LPH、LPS 和 LPF 等三个系列纸材品种外，美国的 Helisys 公司最近又研发出复合材料、塑料等新品种。

一、LOM 技术用材料种类、性能特点及涂布工艺

（一）主材料（薄层材料）

LOM 技术用薄片材料有：纸、金属、陶瓷、塑料薄膜和复合材料。目前，最常用的薄层材料是一种在背面涂布了热熔树脂胶的纸，在每层纸之间，层与层的粘结借助热熔树脂胶。这种纸的成本较低，它在被切割的成型过程中始终保持固态形状，因此其成型制件翘曲变形小，极适合制作中、大型产品或模型。

薄层材料安装在 LOM 成型设备的一个供料卷筒上，胶面朝下并平整地经过造型用工作台，切割加工完的废料则由位于设备另一边的收料卷筒收卷起来。在纸等薄层材料被切割加工过程中，每铺覆一层纸，热压辊就压过纸的背面，将其粘合在工作台的前一层纸上。此时，激光束沿着事先已设定好的当前层的轮廓进行切割。在模型四周和内腔的纸则被激光束切割成细小的碎片，以便成型制件在后处理时可以方便地去除这些废料。同时，在 LOM 技术成型过程中，这些碎片又可以对模型的空腔以及悬臂结构起到支撑作用。为了加快成型进程，可以一次同时切割二层或三层薄层材料。

LOM 技术成型用薄层材料具有以下性能特点：

1. 抗湿性　纸等薄片材料不会因存放时间长而吸水，同时热压过程中不会因水分的损失而造成成型制件变形或粘结不牢。

2. 良好的浸润性　薄层材料具有良好的涂胶性能。

3. 抗拉强度　薄层材料在加工制作过程中不会被拉断。

4. 收缩率小　薄层材料在热压过程中不会因部分水分的损失而导致变形。

5. 剥离性能好　在成型制件加工完成后，剥离废料时较容易破坏成型制件的局部外形，因此薄层材料垂直方向上的抗拉强度不会太大。

6. 方便后处理　易打磨，且成型制件表面光滑。

7. 良好的稳定性　成型制件可长时间保存。

（二）热熔胶

LOM 技术大多数都是在成型用薄层材料背面涂有一层热熔胶，薄层材料层与层之间的粘结就是靠这层热熔胶保证的。目前使用的热熔胶种类较多，最常用的为 EVA 型热熔胶，占全部热熔胶总量的 80% 左右。

EVA 型热熔胶主要由共聚物 EVA 树脂、蜡类抗氧剂和增黏剂等组成。蜡类抗氧剂是 EVA 型热熔胶配方中常用的材料之一。加入适量的蜡类，可降低共聚物的熔融黏度，从而缩短固化时间，改善热熔胶的流动性和润湿性，同时又能防止热熔胶出现存放结块或表面发黏等状况。

此外，EVA 型热熔胶还添加适量的增黏剂，目的是为了增加薄层材料的表面黏附性以及胶接强度，同时又能改善热熔胶的流动性及扩散性，显著提高胶接面的润湿性和初黏性。

LOM 技术成型用薄层材料对热熔胶的基本要求为：

1. 良好的热熔冷固性　薄层材料在 70～100℃ 范围内开始熔融，室温下即能固化。

2. 物理化学性能稳定　在反复的熔融、固化过程中，保持较好的物理、化学稳定性。

3. 良好的涂挂性　熔融状态下与薄层材料具有较好的涂挂性和涂均性。

4. 良好的粘结强度　与薄层材料具有足够的粘结强度。

5. 良好分离性能　成型制件与废料之间的分离性要好。

（三）涂布工艺

LOM 成型用涂布工艺包括两方面：涂布厚度和涂布形状。

涂布厚度是指在纸等薄层材料上涂热熔胶的厚度，其选取的原则是，在保证层与层之间可靠粘结的情况下，尽可能将其厚度设定为最小值，以免成型制件在加工完毕后会出现变形、溢胶和错位等现象。

涂布形状是指采用的两种涂布方式，即均匀式涂布与非均匀涂布。均匀式涂布是采用狭缝刮板进行涂布；非均匀涂布的方式则有多种形状，如颗粒式、条纹式等，最大优点是可以减小成型制件的应力集中，缺点是此涂布设备价格较昂贵。

二、LOM 材料的应用与研究现状、研究方向

LOM 技术的成型速度较快，加工制造成本低，成型时无需专门设计支撑，且材料价格也较低。但对于薄壁型制件或细柱状的制件，其废料剥离比较困难；此外，由于薄层材料具有一定的厚度，因此刚刚加工好的、未经后处理的成型制件的表面粗糙度高，需要进行必要的后处理工序才能满足成型制件精度及表面粗糙度的要求。

LOM 技术除了可以加工制造模具、模型外，还可以直接用于结构件或功能件的加工与制作。LOM 成型技术较为成熟，其制造效率高，尤其适合制备几何形状复杂的结构制件。近年来，美国休斯公司将 LOM 技术用于研制导弹用零部件、喷气式战斗机用雷达零件和红外瞄准系统的零部件等。

近期，Helisys 公司研制出多种用于 LOM 技术的成型材料，可用于制造金属薄板成型件。该公司与 Dayton 大学合作，研发出了 LOM 技术用陶瓷复合材料。此外，苏格兰 Dundee 大学使用 CO_2 激光器进行切割加工薄型钢板，然后再使用焊料或粘结剂进行加工成型；日本 Kira 公司研发的 PLT2A4 成型机，采用超硬质合金刀具，进行切割和选择性粘结的工艺方法进行加工与制作成型件；澳大利亚 Swinburn 工业大学开发出 LOM 技术用金属与塑料合成的复合材料。

三、LOM 技术用设备

目前，研究 LOM 工艺与技术的机构，国外主要有美国 Helisys 公司、日本 Kira 公司、瑞典 Sparx 公司、新加坡 Kinergy 精技机电有限公司；国内有清华大学、华中科技大学以及北京殷华激光快速成型与模具技术公司、上海富奇凡机电科技公司等。早在 1992 年，Helisys 公司就推出了 LOM-1015 机型，1996 年又推出了 LOM-2030H 机型。典型 LOM 设备的主要技术参数见表 3-8。

表 3-8　典型 LOM 设备的主要技术参数

机　　型			
激光器类型	CO_2（功率 50W）		
激光器寿命	2000h	2000h	2000h
最大制作空间	820mm×600mm×450mm	800mm×500mm×470mm	600mm×400mm×500mm
最大扫描速度	500mm/s		
最小层厚	0.1mm		
冷却方式	空冷	循环水冷	循环水冷
主机外形尺寸	1900mm×1400mm×1800mm	1600mm×910mm×1450mm	1860mm×1100mm×1700mm

（一）美国 Helisys 公司的典型机型

图 3-12 所示为 Helisys 公司的典型机型 2030H 成型设备，其最大加工范围为 810mm×555mm×500mm，其成型时间比早期生产的设备缩短了约 30%。

在 LOM 技术用材料的开发上，Helisys 公司除了早期生产的 LPHPH、LPS 和

LPF 三个系列纸材品种以外，近期还开发出了塑料和复合材料品种。

（二）国内各大学机型

在国内，山东大学、华中科技大学各自生产了 LOM 技术用 HRP-Ⅲ型快速成型设备，如图 3-13、图 3-14 所示。此型号设备的特点是柔性高、制件精度高、几何尺寸稳定性好、成型速率高、薄层材料成本低且成型制件便宜，适合制作具有较大外形尺寸的成型制

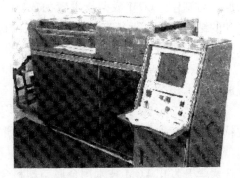

图 3-12　Helisys 公司的 2030H 成型设备

件，可广泛用于产品零件的结构评估、零部件的装配检验等方面。

图 3-13　山东大学的 HRP-Ⅲ型

图 3-14　华中科技大学的 HRP-Ⅲ型

近期，清华大学研发出了 LOM 技术用成型设备 SSM-500 与 SSM-1600 两种机型。其中 SSM-1600 机型是目前世界上最大的 LOM 快速成型设备，可成型产品零件的最大尺寸为 1600mm×800mm×700mm，适用于制造特大规格尺寸的原型制件。该设备的显著特点是：大尺寸、高精度、高效率和高可靠性。若该设备与精密铸造技术相结合，可生产制造出大型的模具。其主要的技术特点是：

（1）具有先进的加工方式（国家专利）。

（2）具有快速的板式热压装置（国家专利）。

（3）采用无张力快速供纸技术（国家专利）。

（4）机床床身由高稳定性铸铁加工制作。

（5）具有高精度、高可靠性的运动及控制系统。

（6）具有高性能的激光及光学系统。

（三）日本 Kira 公司的典型机型

近年来，日本 Kira 公司生产出了 PLT 系列薄层材料成型设备，其基本原理如图 3-15 所示。它与之前介绍的各种 LOM 技术不同之处在于，它不采用涂覆热熔胶

的纸类材料，而是利用复印机在一张张的复印纸上印出被加工件的截面轮廓；然后，这些带有轮廓图形的纸在送料机构的带动下被翻面，使得有复印粉的一面朝下，并按顺序送至工作台面上；紧接着，工作台上升至贴近加热板，使复印粉熔融；随后，带轮廓图形的纸一层层地粘在工作台上；最后，工作台下降，受控于平板式绘图机的指形切刀沿轮廓线进行切割，最终得到一层层的截面轮廓。

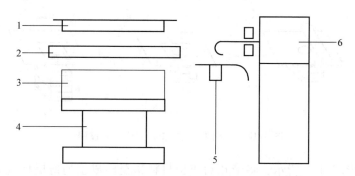

图 3-15　Kira 公司 PLT 系列成型设备基本原理图

1—加热板　2—由绘图装置控制的切刀　3—工件　4—工作台　5—送料机构　6—复印机

（四）韩国理工学院的典型机型

图 3-16 所示为韩国理工学院研发的 LOM 技术送料机构原理图。

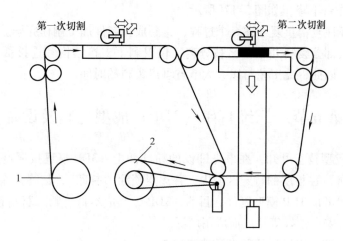

图 3-16　韩国理工学院研发的 LOM 技术的送料机构原理图

1—原料辊　2—废料辊

韩国理工学院研发的 LOM 技术的最大特点是成型制件在成型后，废料极易去除。其具体的工艺过程如图 3-17 所示，具体内容如下：

（1）如图 3-17a 所示，第一次切割时，在成型材料上切割出废料区的周边形状。

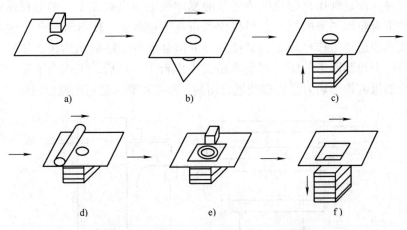

图 3-17　韩国理工学院的 LOM 工艺过程

（2）如图 3-17b 所示，将带孔的成型材料送至已成型的薄层材料上，同时将带有废料的背衬纸与成型材料分离。

（3）如图 3-17c 所示，工作台上升。

（4）如图 3-17d 所示，将成型材料粘在已成型的薄层材料上。

（5）第二次切割时切割工件各层轮廓的边界如图 3-17e 所示。

（6）工作台下降，如图 3-17f 所示。

如此循环往复，重复上述 6 个过程，直到成型制件加工制作完毕。当成型过程完成之后，大部分废料几乎都已被分离，仅仅剩下支撑结构和连接孤立轮廓的小部位需剥离。因此，此工艺可以大大节省剥离废料的时间。

第五节　三维打印（3DP）成型材料及设备

从 3DP 成型技术可知，在事先铺设的粉层面上，3DP 喷嘴按照制定的路径将粘结剂"打印"在粉层的特定区域内，并逐层喷涂"打印"，最终扫除周边多余的支撑粉末，即可得 3DP 模型制件。目前，3DP 因其成本低、粉末材料选择范围广、成型速度快及安全性好等特点而应用广泛。

一、3DP 技术用材料的种类及性能特点

（一）主材料（粉末材料）种类及特性要求

目前，3DP 成型技术使用的粉末材料的材质较为广泛，如石膏粉、淀粉、陶瓷粉、近期研发的高分子材料、金属粉末材料、各种复合材料，以及梯度功能材料等。

3DP 成型技术用粉末材料只有满足以下几方面要求，才能制作出模型精度和表面质量都比较好且不易变形的模型制件。

（1）粉末材料颗粒直径尽可能小且均匀。

（2）粉末材料尽量不含杂质，以免堵塞喷射粘结剂的喷头。

（3）具有一定的质量，以免粘结剂喷射在粉末材料表面后出现凹凸不平的小坑或飞溅等现象，从而造成模型表面质量的降低。

（4）能迅速与喷涂的粘结剂相互粘结并快速固化。

（二）3DP 成型技术对粘结剂材料的基本要求

（1）分子结构较为稳定，易于长期保存。

（2）粘结剂表面张力较高，而黏度较低，这样易于粉末材料的快速粘结。

（3）粘结剂对喷头不具有腐蚀作用。

（4）粘结剂中应添加少量抗固化成分，以免喷头易堵塞需频繁更换。

二、3DP 技术的研究现状与研究方向

（一）3DP 技术的研究现状

最早由美国麻省理工学院（MIT）于 1993 年开发的三维打印成型技术，奠定了 Z Corporation 原型制造过程的基础，3DP 成型材料的研发也主要出自该公司。近期，该公司根据市场需求，不断地研发出用于 3DP 制作的各种功能性粉末材料。

1. zp® 131 材料　此材料属于多用途材料，可用于制作较为坚硬的模型制件，模型制件具有极高的尺寸精度和彩色准确度。此材料也适用于功能测试模型制件的制作。

2. zp® 140 材料　此材料属于高性能复合材料。其最大优点是将最为安全和环保的材料引入了三维立体打印模型领域，并借助普通水质便可进行快速喷雾等后处理。

3. ZCast 501 材料　此材料为铸造用材料。将建模文件直接导入 3DP 设备，采用此材料即可制作金属铸造成型制件，与传统原型铸造工艺相比，既快又节省费用。此材料的最大优点是能耐较高的温度。

4. ZP 14 材料　此材料属于熔模铸造材料，可用于快速制作各类零部件，而且这些零部件可以被浸入铸蜡中，制造熔模铸造用模具。

5. 弹性伸缩材料　这种材料中加入了纤维素、特种纤维或其他添加剂组合而成的混合物。此材料适用于制作需有橡胶特性的模型制件，并可赋予模型制件类似于橡胶的特性。

（二）3DP 技术的研究方向

从美国 Z Corporation 公司研发的设备及模型制作材料中可以看出，3DP 技术的研究方向是正在向着可打印出较大体积的模型、具有顶级的色彩质量和高分辨率、提高模型制件多功能性的方向发展；同时，还应满足人们对三维打印设备的其他需求（如快速、便捷），并逐步向着办公设备方向普及与发展。

近期 3DP 技术的研究方向主要是：

（1）速度成型快。

（2）可打印出较大体积的模型。

（3）模型材料颜色准确。

（4）打印设备易于操作使用。

（5）适用于办公室环境。

三、3DP 技术用设备的研发现状

Z Corporation 引领了 3DP 技术的商用潮流，其开发的三维打印成型机占领了市场 3DP 设备的主要份额。Z Corporation 所开发的三维打印快速成型机具有处理速度快、成本低廉以及应用范围广的特点，并且开发出了世界上第一台彩色三维打印成型机。

近期 Z Corporation 研发的 ZPrinter 650 成型设备如图 3-18 所示。该设备的分辨率比原有设备提高了 1 倍（600 ×540dpi），并且在标准青色、品红、黄色和透明色中增加了一个专用的黑色打印头，其目的是赋予模型制件更丰富、一致的色彩。采用此设备，能制作出超大尺寸并且色彩丰富的模型制件。

此外，近期以色列研发的 Objet 系列 Eden 500V 三维打印系统，如图 3-19 所示，也是制作大尺寸模型制件的理想首选之一。它的最大优点是可以在同一个工作托盘中同时打印多个模型，并能将各种小件粘结到一起组成大型模型，从而大大减少了模型的制作时间。

图 3-18　Z Corporation 研发的
ZPrinter 650 成型设备

图 3-19　以色列 Objet 系列
Eden 500V 三维打印系统

Eden500V 是 Objet 系列的创新性产品，可为任何复杂形状的建模文件提供容易使用、快捷且工作环境非常清洁的解决方案。它能缩短新产品的开发周期，从而大大缩短新产品投放市场所需的时间。在 Eden500V 上制作的模型的最大特点是，具有流畅而且持久如新的曲面轮廓，并且模型制件在细节处理上非常精细，曲面及表面质量也可与 ZPrinter 650 成型设备相媲美。

第六节　快速成型材料的发展方向

一、特殊材料在快速成型技术中的应用

（一）组织工程材料快速成型技术

21 世纪以来，生物医学工程已逐渐成为最重要的科学研究热点，目前全球瞩目的科学前沿研究对象是人体器官的人工替代、生命体的人工合成等。其中，在生命体的人工合成当中，生命体中的细胞载体框架结构是一种特殊的结构框架。从制造角度看，它是由纳米级材料构成的、非常精细的、复杂非均质的多孔结构，因此这是传统加工制造技术无法完成的结构，只能借鉴快速成型技术才能完成此项工作，即借助离散与堆积的快速成型原理与制造技术，在计算机控制下，精确地成型出细胞载体的框架结构，以获得达到强度与表面质量要求的成型制件。

目前，应用于康复工程与治疗学生物实体模型的快速成型制造是研究的热点之一。组织工程材料以及快速成型技术是目前国际上的研究热点。清华大学、西安交通大学也积极开展了这方面的研究工作。组织工程材料的快速成型可分为以下三个研究阶段：初级体外模型、中级植入体和高级人体器官。其中，初级体外模型及中级植入体对成型材料的生物相容性要求较低，高级人体器官则要求成型材料须具备生物可降解性和生物相容性，通常材料中要加入人骨的生长因子。

1. 人工生物活性骨骼成型技术　随着现代医疗事业与 RP 技术的发展，一些高新技术的人造器官为人类的健康带来了福音。人造软骨、人造骨骼、人造肾脏、人造皮肤甚至人造心脏等，几乎所有的人体器官都是医学界研究的方向。在人造骨骼的研究领域，以往采用传统的加工制造方法所制造的人造骨骼生产周期长、种类少，并且大小与形状不完全符合患者的实际情况，因此修复效果较不理想，而且有些人造骨骼内部微孔的大小、数量、分布、形状等因素不可控制，严重时会限制组织液的渗透和骨细胞长入材料内部，使得人造骨骼在临床上的应用受到很大限制。

近期，西安交通大学对快速成型技术在医学领域，尤其是在人工骨骼的制造方面进行了积极的探索。西安交通大学与第四军医大学正在合作进行基于气压式熔融沉积快速成型技术的人工生物活性骨骼的研究。该方法最突出的特点是微孔的数量、大小、分布及形状可受人工影响和控制，可以将人骨的生长因子在成型过程中进行复合植入，在很大程度上解决了医学上急需解决的难题。

2. 气压式熔融沉积快速成型技术　生物活性骨骼制造对快速成型设备的基本要求是：精度要高，出丝细且均匀、连续，保证成型的骨骼内孔三维网状骨架均匀与连续。针对以上要求，西安交通大学研发出基于 FDM 工艺原理的气压式熔融沉积快速成型系统。该系统大致的工作原理是：将低黏性材料加热到一定温度，再经压缩系统由喷头挤出覆盖在工作台面上；喷头按当前层面的几何轮廓形状进

行扫描与堆积；逐层沉积的同时进行凝固；工作台在计算机系统的控制下进行 X、Y、Z 三个方向的运动；当在 X-Y 平面上加工完一层后，工作台的 Z 轴就会向下降一个层厚。如此循环往复，最终逐层堆积出三维实体模型。

（二）聚合物材料快速成型技术

通常情况下，商业用快速成型制件的大部分都是由聚合物或低聚合物材料加工制成的，聚合物材料的性能直接影响着快速成型制件的精度和质量。聚合物材料可分为反应型和非反应型聚合物。其中，反应型聚合物属于热固性材料，主要应用在 SLA 技术当中，在紫外激光的作用下迅速固化；非反应型聚合物被加热至熔融后冷却并迅速固化，主要应用在 FDM、SLS 技术当中。

与金属和无机材料相比，聚合物材料熔融黏度高，其力学性能、流变性、相对分子质量、化学反应及收缩精度等因素对成型性能有一定的影响，因此在选用聚合物材料进行快速成型制造时，可根据快速制造技术的特点及要求对该聚合物材料性能进行调整和优化。

（三）复合材料快速成型技术

1. 高分子复合材料　有机高分子复合材料的最大特点是熔点低、密度小且熔融状态下具有一定的黏性而不需另加粘结剂，故适合作为 RP 技术用材料。另外，有机高分子复合材料的缺点是机械强度较低，因此为提高高分子复合材料的机械强度，须加入一些增强材料。近期，日本正研究纤维增强复合材料构件的制造，相信此项技术将是今后 RP 技术发展的一大趋势。

2. 陶瓷复合材料　陶瓷复合材料由陶瓷粉、固化剂和粘结剂组成，将这几种材料混合后注入快速成型母模即可固化成陶瓷模。陶瓷复合材料的最大特点是硬度及工作温度高，因此可用于复制高温模具。

表 3-9 列出了某种陶瓷复合材料的性能。

表 3-9　某种陶瓷复合材料的性能

硬　　度	88HSD	线 收 缩 率	0.033%
抗 压 强 度	251.7MPa	长时间耐热性	260℃

陶瓷制品的工艺过程都须经过高温烧结工序，但其制坯过程可在常温下进行。近期，美国已研发出一种单列向心球轴承，它是由高温下工作的复合陶瓷材料所制成，其精度等级可达到 E 级。采用 Al_2O_3 与 SnO_2 纳米复合陶瓷的烧结工艺也得到很大改善，烧结温度较以前也有所降低。因此，采用 RP 技术，有可能制作出具有特殊功能与形状的各类高级陶瓷制品。

3. 金属基复合材料　常用的金属基复合材料是由以下几种材料复合而成的：金属粉（如铝粉、钢粉）、固化剂、粘结剂（如环氧树脂）。金属基复合材料的特点是硬度高且工作温度较高，因此可用于复制高温模具。例如，一种铝基复合材料由铝粉、树脂和固化剂组成，在室温下三种材料共混后约经过 16h 能完全硬化。

它的性能见表3-10。

表 3-10　铝基复合材料的性能

硬　　　度	85HSD	线 收 缩率	0.1%
抗压强度（100℃时）	70~80MPa	长时间耐热性	>140℃
冲击韧度	3.4kJ/m	热 导 率	1.0W/(m·K)

此外，快速成型技术可以与复合材料新的二维及三维技术相结合，可实现复合材料全自动化与快速制造的目标。目前，各国正在研究实现高性能结构件的制造工艺。另外，直接加工成型高分子复合材料、陶瓷、金属等零件也是适应当前社会各制造领域的单件或小批量生产的最理想的加工制造模式。

二、快速成型材料的技术进步及其成型性问题

（一）快速成型用材料的技术进步

早期，RP技术使用的材料只有几种，近年来随着RP技术的不断研发以及新材料的开发和利用，RP技术得到了迅速发展。与传统的加工制造工艺相比，RP技术在工艺流程、直接快速成型、加工复杂外形与型腔制件、缩短产品的生产周期、成型用各种功能材料等方面都取得了进步。RP技术的进步取决于新型成型材料的开发与新型RP设备的研制。目前，国外的相关科技人员主要致力于快速成型技术用材料的研究开发及应用、工艺的改进等方面的研究，以使RP技术能更加广泛地应用于各行各业。

对快速成型材料的研发主要有以下三点：一是改进原有RP技术用材料的性能，使其尽可能接近工程材料；二是改进原有模具材料，使其适合分层制造工艺；三是开发出全新的RP材料。

目前，RP材料存在以下一些不足之处：材料的熔融需要较大的能量密度，然而较大的能量密度将会造成成型制件内部的内应力和应变；烧结工艺的能量密度较小，但由于是无压烧结，会造成内部的局部出现孔洞现象；化学反应粘结工艺仅限于某些有机物质等。

以上RP材料的不足之处，有些可以在成型制件的后处理工艺中进行解决，有些还需对材料进行进一步的改进。例如光敏树脂材料在制造较大的成型制件时，经常会发生卷曲现象。1993年3D公司就研制出环氧树脂基的光敏树脂，虽然使卷曲现象大大降低，但其成型零部件的力学性能又受到影响。随后3D公司又提出一种解决方案，即先用光敏树脂做出模具，然后用模具注射成型热塑性塑料。但这种模具在温度不太高时就会软化。近期，美国Michigan大学的材料科学与工程系研制出一种能用SLA技术设备成型的用陶瓷强化的陶瓷树脂，其基本的制作工艺是先将陶瓷的细小颗粒与单分子溶剂混合成为悬浮液，然后进行成型，最终制造出陶瓷模型。

1. 金属材料的加入与使用　目前，大多数RP技术用材料为金属或陶瓷，基本

上都是先将化学粘结剂包覆在金属或陶瓷材料的外面，再借助粘结剂的粘合作用，形成三维实体产品或模型。通常这种成型方式成型的制件的实体密度不高，还需进行必要的后处理工艺（如热处理）。

目前，采用高分子材料或石蜡制作 RP 原型已是成熟的方法，其几乎适用于所有的快速成型技术，而且已成功地采用这两种材料作为粘结剂制作出金属和陶瓷成型制件。近期，美国 Stratasys 公司开发出用于 FDM 成型技术的陶瓷和金属材料。此类材料的加工制作大致过程是，先将金属粉末或陶瓷粉末与粘结剂共混均匀，然后再挤出成细丝状材料，其直径约为 1.8mm。此类材料具有较高的抗拉强度并在空气中易冷却凝固，可供 FDM 设备成型使用。目前，FDM 技术用材料还有不锈钢、钨及碳化钨等，采用上述材料可方便地制造出金属或陶瓷模型以及注射模具。

此外，最近研究出许多金属的成型方法。例如，用激光将金属粉熔融再使其成型，所用材料可选硬度较高的不锈钢或其他高合金钢；普通碳钢可采用电弧焊接的方法实现成型制件的快速制造。

2. 陶瓷材料的加入与使用　目前，采用陶瓷材料制作 EDM（Electrical Discharge Machining）电极是 RP 技术研究领域的一个重要研究方向。美国罗得岛大学正在以 ZrB_2 与 Cu 材料为核心进行快速模具的制造与研究。以前的 EDM 电极材料由石墨和钢制成，耐磨性较差，电极损耗较大，而传统的机械加工手段又无法加工硬度较高的材质，现在借助 RP 技术，再采用 ZrB_2 与 Cu 等高强耐热材料作为 EDM 电极，它的电气性能和热导性能几乎接近于铜，而其使用寿命却是铜电极的16 倍。

制造 ZrB_2 与 Cu 材料 EDM 电极的步骤是，首先将 ZrB_2 与 Cu 材料和粘结剂混合均匀；借助 SLS 设备将其烧结成所需形状；再将成型件在惰性气中加热，使粘结剂气化并脱离；冷却至室温，将 ZrB_2 与 Cu 材料放入炉中进行渗铜处理，即可得到 ZrB_2 与 Cu 材料制成的 EDM 电极。

（二）快速成型用材料的成型问题

目前，各种快速成型技术都有各自的特点，成型所用材料的种类和形式也不相同，因此材料的成型机理也不相同。例如，在 SLA 技术中，树脂材料在成型过程中是通过激光扫描进而进行逐层固化，层与层之间的粘合将直接影响着整体零件结构的性能；同时，聚合物的固化过程将直接影响和决定着成型材料的性能；在 SLS 技术中，烧结金属粉末过程中的致密化机理、分子链的改变及各组分材料的相互作用等都有待于更深入的研究；在 FDM 技术的成型过程中，成型材料在喷嘴中经历了由固态到熔融状态，挤出喷嘴后又凝固为固态的过程，期间材料的性能所发生的变化将会影响到成型制件的物理与化学性能；LOM 技术中成型用塑料、陶瓷、金属以及复合材料的成型机理等都需进行进一步的研究。

因此，快速成型制件的性能不仅与选用的成型材料自身性能有关，还与成型制件的特性有关。成型材料的自身性能主要包括物理性能（如黏度、流动性、热导率、熔点、热胀系数等）、化学性能、成型材料的使用状态（如粉末、线材或薄型材料）等。材料的快速成型性主要包括成型材料的致密度、显微组织性能。成型制件的特性包括成型制件的精度和表面粗糙度等。

目前，应用于快速成型材料的种类仍然为数不多，这不仅影响着快速成型材料或成型制件的质量，也抑制了快速成型技术的发展和应用，因此急需开发出多种新型快速成型材料，以满足各行各业对 RP 工艺与技术的需求。

三、快速成型材料的研究与发展趋势

当前，将先进的材料用于 RP 技术研究是先进制造技术和材料科学交叉的前沿课题。目前研究得较多的是纳米材料、先进复合材料及其成型制件的加工制造。快速成型技术同时也是成型功能梯度材料和结构材料的先进技术之一，其最大的优点是可以根据具体的产品功能及经济要求，选用特定的材料进行设计与自动化加工。

目前，国外许多 RP 技术及系统开发公司对 RP 技术用材料进行了大量的研究工作，开发了许多适用于各种成型技术用的新材料。例如，DTM 公司研发出用树脂包覆着的钢粉材料，用于直接生产金属注射模；德国 EOS 公司和美国 DTM 公司还成功研制出覆膜砂，用于直接制作铸造用砂型；瑞典 Ciba 公司和日本 C-MET 公司，采用在光敏树脂中添加陶瓷等粉料的方法，可直接加工制造出特殊功能的零件或模具。

国内的华中科技大学、清华大学、西安交通大学以及北京隆源自动成型系统有限公司等单位也对 RP 技术及其所用的材料进行了研发工作。其中，华中科技大学研发出了 LOM 用纸产品，其使用性能良好，成型制件的精度及表面质量都较高，并且已与设备配套实现了商品化。另外，华中科技大学还研发出了 SLS 用材料，如 PS 粉末、覆膜砂等，并利用 SLS 技术制造出消失模、铸造砂型，并且浇注出了合格的金属铸件。

清华大学在研究 SLA、SLS、LOM、FDM 多种技术及设备的基础上，成功研发出了 FDM 用 ABS 丝以及蜡丝材料、尼龙丝材，并且对引进的丙烯酸酯光敏树脂进行了改性研制。

西安交通大学在研发 SLA 技术设备的同时，成功研制出了光固化树脂材料。它具有强度高、固化快等显著优点，其价格只是相同进口材料价格的 1/8。另外，西安交通大学研究的将 RP 技术与石墨电极研磨设备相结合的方法，有利于进行快速模具的加工与制造。

北京隆源自动成型有限公司对 SLS 技术用材料进行了大量的研究工作，成功研发出一种复合材料。这种低熔点高分子与蜡的复合材料与精密熔模铸造相结合，可生产出各种原型制件或精铸零件。其研发的 RP 技术用材料还有 PS、ABS 工程塑料粉。

当前，RP 技术正处在不断完善和成熟阶段，各种新型成型技术和材料也不断出现，目前研发的重心已从 RP 设备的制造向着快速模具（RT）制造、半功能性成型材料、功能性成型材料的方向转移，其关键技术是新材料与新工艺的研发、成型制件精度的进一步提高、金属模具以及功能性零件的转化等。因此，改善现有各种快速成型材料的性能，研发出新的成型工艺、材料及后处理工艺等是未来 RP 技术工作的重点。

快速成型技术作为一种多学科交叉的先进制造技术，虽然发展历史不长，但随着激光技术、材料科学、计算机技术、自动控制技术等多学科的发展以及工业化，相信在制造领域中大范围地应用 RP 技术已为期不远。在各种快速成型技术中，RP 所用的成型材料各具特色，新型材料层出不穷，这也必将促进快速成型技术的工业化进程。与此同时，新材料的研发又促进了材料科学的快速发展，使得新材料在快速制造业中得到广泛应用。

目前，快速成型材料的研究与发展趋势有以下几个方面：

（1）快速成型材料的研发正向多样化与专业化方向发展，许多设备制造商与材料专业公司在不断地开发多种适用于快速模具制造、金属零部件的直接加工制造用系列化成型材料，这也将推动快速成型技术的飞速发展。

（2）随着我国快速成型技术的不断发展，将会出现各种商品化、系列化的成型材料。

（3）进一步完善和提高各种成型材料的性能，不断开发出各种低成本、低污染、高性能的新型 RP 材料。

（4）RP 材料的研发应向着直接加工制造出高精度、高强度以及表面质量好的金属等半功能性、功能性制件的方向发展，这也是目前快速成型领域研究的热点。它将推动 RP 技术的发展与广泛应用。

（5）新型 RP 技术用材料的研发与新型 RP 技术的研究是相辅相成、密不可分的。需根据快速成型的用途和要求的不同开发出不同类型的成型材料，如金属树脂复合材料、生物活性材料、功能梯度材料等。

（6）RP 加工的每一个环节都会对最后成型制件的精度产生影响，因此成型制件的成型精度是 RP 技术在工业产品应用中的关键问题之一，也是 RP 技术研究的重点之一。

本　章　小　结

RP 技术用材料与相关设备是 RP 技术发展的核心和关键部分，它将直接影响成型制件的物理性能和化学性能、成型制件的加工速度和成型精度等方面，同时也直接影响到原型制件的二次应用，从而最终影响着用户对成型技术与设备的选择。一种各方面性能都不错的新型材料的出现，往往会使相应的 RP 技术及其设备的结构以及成型制件的品质、成型效益等方面都发生质的飞跃。

　　随着快速成型技术的发展、普及与推广，RP 技术与相关材料正向着高性能、系列化及商品化的方向快速发展。

复习思考题

　　1. 简述光固化成型材料的特点与选用原则。

　　2. 简述熔丝堆积成型材料对成型制件精度的影响。

　　3. 简述快速成型材料今后的发展方向。

第四章　快速成型技术前期的 3D 建模技术

内容提要

采用快速成型技术进行产品或模型的加工与制作时，首先需要准备好前期的三维 CAD（Computer Aided Design，CAD）数据模型。目前几乎所有快速成型的加工制造方法的前期数据来源都是借助三维 CAD 数据模型，经过适当的切片处理后来直接驱动快速成型设备进行快速加工与制作的。

从图 4-1 所示的 RP 工艺基本流程也可以看出，快速成型系统要解决的主要问题是提出快速成型工艺方法并进行具体实施。目前，RP 系统前期的三维 CAD 模型数据的来源基本上有三种形式：一是设计者借助三维造型设计软件，设计与制作出所需的三维实体模型数据资料；二是借助逆向工程测量设备及相关软件，即 3D 扫描技术获取所需物体的三维数据资料；三是借助类似清华大学最近研发的 3-Sweep 技术，将相关的二维图形直接生成三维实体的数据资料。

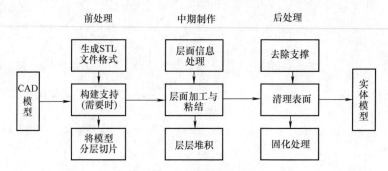

图 4-1　RP 工艺基本流程

当前，大多数人选择获取三维实体数据资料的途径是借助三维造型设计软件，设计与制作出所需的三维实体的数据模型。目前，3D 建模软件的种类繁多，基本上都可以完成两大类功能：实体建模和曲面建模。三维建模软件的恰当、合理的选用，对所需设计的产品的三维数据资料的快速制作，以及对后期 RP 工艺的制作，都具有很大的影响，有时甚至能缩短相当一部分用于快速成型前期的三维建模时间，达到事半功倍的效果。

第一节　3D 建模软件的种类

3D 建模软件种类繁多，通常可分为两大类：通用 3D 建模软件和行业 3D 建模软件。以下分别介绍这两大类软件的种类。

一、通用 3D 建模软件

1. Maya 软件 该软件是 Autodesk 公司著名三维建模和动画软件之一。Maya 软件主要应用于电影、电视及游戏等领域开发、设计与制作，其应用领域极其广泛。

Maya 功能完善，易学易用，且制作效率很高，渲染真实感强，是电影级别的高端制作软件。图 4-2 所示为 Maya 2014 软件的工作界面。它不仅包括特殊的视觉效果和三维制作功能，而且还与建模、三维数字化模拟、运动匹配及毛发渲染等技术相结合，尤其是 Maya 2015 版本的 CG 功能十分全面，建模、粒子系统、植物创建及衣料仿真等为三维模拟、建模、着色和渲染提供了极为便捷的途径。

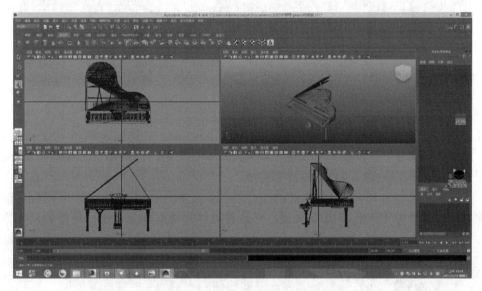

图 4-2 Maya 2014 软件的工作界面

2. 3DS Max 软件 该软件是目前是 Autodesk 公司基于 PC 系统的三维动画渲染和制作、性价比很高的软件，功能强大且价格低廉，因而可大大降低作品的制作成本，并且上手容易，现广泛应用于建筑设计、三维动画、影视、工业设计、多媒体制作等领域。3DS Max 集成了 Subdivision 表面和多边形几何模型并且集成了 Active Shade 及 Render Elements 功能的渲染能力，大大提高了用户的制作效率，设计者在更短的时间内即可制作出所需模型、动画或更高质量的图像。同时，3DS Max 2013 以上的版本增加了与其他三维软件的交互模式，使得三维软件之间的互操作性得到了很大提高。3DS Max 2014 版本更增加了点云（Point Cloud）显示、支持 3D 立体摄影机显示等与行业建模软件相通的功能。图 4-3 所示为 3DS Max 2014 软件的工作界面。

3. Rhino 软件 Rhino 软件是由美国 Robert McNeel 公司研发的专业 3D 造型软

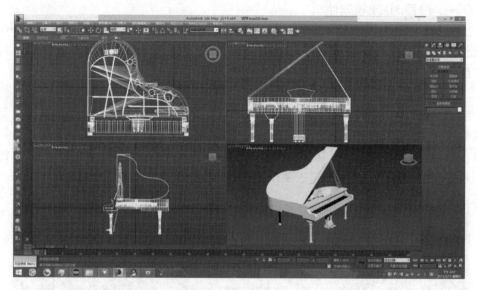

图 4-3　3DS Max 2014 软件的工作界面

件，它是基于 NURBS（Non-Uniform Rational B-Spline，非均匀有理 B 样条曲线）的三维建模软件，是一款"平民化"的高端软件，现已广泛应用于三维动画制作、工业制造、科学研究以及机械设计等领域。

　　图 4-4 所示为 Rhino 4.0 软件的工作界面。此软件的最大特点是可以快速创建、编辑、分析和转换 NURBS 曲线、曲面和实体，并且在复杂度、角度和尺寸方

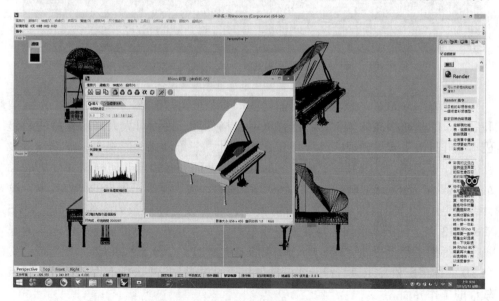

图 4-4　Rhino 4.0 软件的工作界面

面没有任何限制；同时它也支持多边形网格和点云等数据，并可以建立极其复杂的三维模型。此外，它能轻易整合 3DS Max 与 Softimage 的模型功能部分，能输出 OBJ、DXF、IGES、STL 等多种不同的文件格式，几乎可以与所有 3D 软件进行对接与转换。

4. Blender 软件　Blender 软件是一款可以称之为全能的三维动画制作软件，能提供三维建模、动画、材质及渲染，甚至音频处理及视频剪辑、动画短片制作等功能。

Blender 软件可以被用来制作 3D 数据模型及 3D 可视化项目，同时也可以制作广播和电影级品质的视频，其最大特点是具有内置实时 3D 游戏引擎，可轻便制作出独立回放的 3D 互动内容。因此，它不仅支持各种多边形建模，也能做出极品动画节目。

5. SketchUp 软件　SketchUp 软件是一款直接面向设计草方案创作过程的设计软件。它可以完全满足设计师在创作过程中实时与客户交流的需要，并使得设计师可以直接在电脑上进行十分直观的构思与设计，能直接、实时地在电脑上表达出设计师的设计灵感。它是一款易于接受及使用的 3D 设计软件，被公认为设计中的"电子铅笔"。

SketchUp 软件的最大特点是：具有独特简洁、短期内易掌握的工作界面；适用范围广阔，可应用在建筑、园林、景观内及工业设计等多个领域；通过任一图形就可以方便地进行复杂的三维建模；与 AutoCAD、3D Max 等软件结合使用方便，并可快速导入和导出 DWG、DXF、JPG、3DS 等格式文件，同时提供 AutoCAD 设计工具的插件。

二、行业 3D 建模软件

1. PRO/Engineer 软件　Pro/Engineer（简称 Pro/E，2010 年更名为 Creo）软件是美国参数技术公司（PTC）研发的、基于 CAD/CAM/CAE 一体化的三维设计软件。它是第一个提出了参数化设计的概念与技术的应用者，并用单一数据库来解决特征等相关性问题。它目前在三维造型设计领域中占有非常重要的地位，在国内产品的设计领域中也占据了相当重要位置。

Pro/E 第一个提出了参数化设计的概念，并且采用了单一数据库来解决特征的相关性问题，具有"牵一发即可动全身"的功能。另外，它采用模块化方式，用户可以根据自身的需要进行选择，而不必安装所有模块。

Pro/E 基于特征的建模方式能够将设计与生产全过程集成到一起，实现并行工程设计。Pro/E 采用了模块方式，可以分别进行草图绘制、零件制作、装配设计、钣金设计、加工处理等，用户可以按照自己的需要进行选择使用。正因为 Pro/E 软件具有其他三维建模软件所没有的特殊性能（引入参数化设计、基于特征建模、将多个数据库统一在一个层面上），所以深受设计行业专业人士的青睐。图 4-5 所示为 Pro/E 5.0 软件的工作界面。

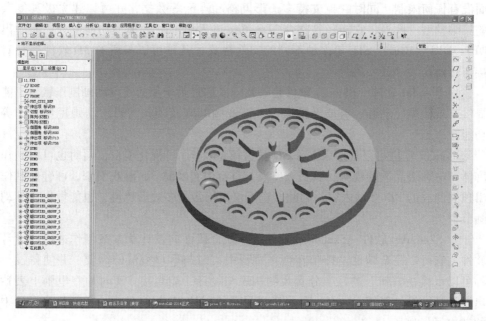

图4-5 Pro/E 5.0软件的工作界面

2. SolidWorks软件 SolidWorks软件是世界上第一个基于Windows开发的三维CAD系统。它具有功能强大、易学易用和技术创新等三大特点，这使得SolidWorks软件成为领先的、主流的三维CAD解决方案之一。

SolidWorks软件功能强大且组件繁多。它能为设计人员提供不同的设计方案，减少设计过程中的错误以及提高产品质量。它的设计过程比较简便，易学易用，并且整个产品设计可随时进行编辑与调整，零件设计、装配设计和工程图之间也是完全相关的，因而可使设计人员大大缩短设计与修改时间，从而使得新产品能够快速、高效地投入市场。

近年来，国内外许多高校，如美国的麻省理工学院、斯坦福大学已经把Solid-Works列为制造专业的必修课，国内的清华大学、中山大学、北京航空航天大学、北京理工大学、浙江大学、华中科技大学等也在应用SolidWorks进行相关教学。

3. AutoCAD软件 AutoCAD（Auto Computer Aided Design）是美国Autodesk公司于1982年开发出来的自动计算机辅助设计软件。它可用于二维绘图和基本三维设计，现已经成为国际上广为流行的绘图工具。AutoCAD具有良好的用户界面、交互菜单或命令行，无需懂得编程也可学会制图，并且它具有广泛的适应性，可用于各种操作系统支持的微型计算机和工作站运行，因此被广泛应用于土木建筑、装饰装潢、工业及工程制图、电子工业及服装加工等多方面领域。

AutoCAD的另一大优点就是它针对不同的行业具有不同的版本，如针对机械行业有AutoCAD Mechanical版本，针对电子电路设计行业有AutoCAD Electrical版本，针对勘测、土方工程与道路设计行业有 Autodesk Civil 3D 版本，针对我国教学与培训方面有 AutoCAD Simplified Chinese 版本，以及一般没有特殊要求的行业选用的 AutoCAD Simplified 版本。近期，AutoCAD 2014 版本在点云功能、支持地理位置等方面都有较大的增强，更增加了参数化的功能，即增加了与其他行业建模软件（如 Pro/E）的互通性。图 4-6 所示为 AutoCAD 2014 版本的工作界面。

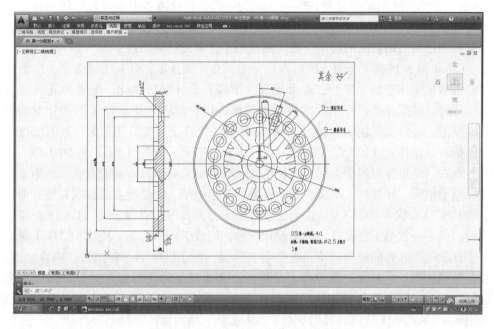

图 4-6　AutoCAD 2014 版本的工作界面

4. CATIA 软件　CATIA 软件是法国达索飞机公司开发的高档 CAD/CAM 软件，在飞机、汽车、轮船等行业的设计领域享有很高的声誉。它具有强大的曲面设计功能，能提供极丰富的造型工具来支持用户的造型需求。例如，其特有的高次 Bezier 曲线曲面功能能满足特殊行业对曲面光滑性的精确要求。

达索公司近期推出的 CATIA V5 版本可运行于多种平台。使用此款软件，设计者能够节省大量的硬件成本，并且友好的用户界面让人更容易使用。CATIA 软件的发展方向代表着当今世界 CAD/CAM 软件向智能化、支持数字化制造企业和产品的整个生命周期的发展方向。

5. UG 软件　UG（Unigraphics，现更名为 NX）是德国 Siemens PLM Software 公司研发的一款用于解决产品工程的软件。UG NX 是一个在二维和三维空间无结构网格上使用自适应多重网格方法开发的、一个灵活的数值求解偏微分方程的软件工具，具有一个交互式 CAD/CAM 系统。它为用户的产品设计、加工过程以及虚拟产品设计和工艺设计提供了便利的数字化造型和验证手段。

此外，UG 功能的强大，还在于它具有三个设计层次，即结构设计（Architec-

tural Design)、子系统设计（Subsystem Design）和组件设计（Component Design）。
在结构和子系统层次上，UG 采用模块设计方法，即所有陈述的信息被分布于各子
系统之间。设计者借助 UG 软件，可以轻松实现和获取各种复杂的三维数据资料。
它现已经成为模具行业三维设计的一个主流应用。

6. Cimatron 软件　Cimatron 软件是以色列 Cimatron 公司研发的产品。目前，
Cimatron 软件的 CAD/CAM 解决方案已成为一部分企业装备中不可或缺的工具，它
能为模具、工具提供全面的、性价比最高的软件解决方案，使制造循环流程化，
可加强制造商与销售商的协作，极大地缩短了产品交付时间。

Cimatron 软件有两个最大的特点：一是混合建模技术，具有线框造型、曲面造
型和参数化实体造型手段；二是可实现三维模具设计的自动化，能自动完成所有
单个零件、装配产品及标准件的设计和装配，用户可以方便地定义模型分型的型
心、型腔、嵌件及滑块的方向。Cimatron 的另一优点是可支持几乎所有当前三维建
模的标准数据格式（IGES、VDA、DXF、STL、STEP、PRT、CATIA 和 DWG 等）。

现在，全世界有四千多用户在使用 Cimatron 的 CAD/CAM 制造方案，涵盖了汽
车、航空航天、计算机、军事、光学仪器、通信电子、消费类商品和玩具等行业。

7. CAXA 软件　CAXA 软件是北京数码大方科技股份有限公司（CAXA）研发
的国内唯一一款集工程设计、创新设计与协同设计于一体的新一代 3D CAD 系统软
件。此款国产软件的最大的特点是全中文界面，便于轻松学习和操作，兼容性强，
并且价格较低。它包含三维建模、分析仿真和协同工作等功能，并且易操作性和
设计速度与国外三维软件相比，更容易上手。借助 CAXA 制造工程师，用户可以
生成 3 ~ 5 轴的加工代码，可用于加工具有复杂三维曲面的零件。

除了具备上述优点，CAXA 软件还集成了 CAXA 电子图板，设计者可在同一软件
环境下自由进行 3D 和 2D 设计，无需转换文件格式就可以直接读写 DWG/DXF/EXB
等数据，把三维模型转换为二维图样，并实现二维图样和三维模型的联动。此外，其
与国产相关软件的数据交互能力也较强，方便设计人员之间的交流和协作。

8. 开目 CAD 软件　开目 CAD 软件是武汉开目信息技术有限公司开发的、也是
我国最早商品化的 CAD 软件，它是当今世界唯一一款基于画法几何设计理念的工
程设计绘图软件。

开目 CAD 软件是基于"长对正、宽相等、高平齐"的画法几何设计理念，最
大限度地符合我国设计人员的设计与绘图习惯的一款国内成功研发的软件，因此
国内的设计师们容易快速掌握与应用。

此外，开目 CAD 提供给设计师们相当丰富的零件结构、轴承与夹具、螺钉及
螺母等国标和行业标准工程图库，并支持用户对图库的自定义与扩展。此外，它
除了具有自己特色的编辑功能、强大的绘图功能外，与 AutoCAD 具有良好的开放
性。因此，它凭借着学习上手快、绘图速度快、见效快等显著特点，迅速在机械、
汽车、航天、装备等行业得到了广泛的普及和应用，经过工程实际的长期检验，

被公认为我国应用效果最好的 CAD 软件之一，受到企业广泛欢迎。

第二节　3D 建模软件的特点与比较

上面介绍的几款通用及行业 3D 建模软件基本上是目前设计者与相关人员普遍、主要使用的软件。表 4-1、表 4-2 分别列出了通用和行业 3D 建模软件的特点与比较，以供设计者在选用 3D 建模软件时快速地进行比较与参考。

表 4-1　通用 3D 建模软件的特点与比较

特　点	通 用 软 件				
	Maya	3DS Max	Rhino	Blender	SketchUp
软件特长	三维建模、着色和渲染、动画及影视制作	三维建模与渲染、支持 3D 立体摄影机	创建、编辑、转换 NURBS 曲线及曲面，支持多边形网格和点云	建模、动画、内建脚本、渲染器及游戏引擎	三维建模、在电脑上进行十分直观的构思与设计
易掌握程度	不易掌握	易学易用	易学易用	中等	简单易用
较好的兼容性	3DS Max	Maya	3DS Max	Maya	3DS Max、Auto-CAD
导出主要格式	IGS、OBJ、AVI、PSD、SGI、TIFF、GIF	AVI、DXF、PSD、TIFF、JPG、DWG、STL	OBJ、DXF、IGES、STL、JPG、TIFF、PSD	TGA、JPG、AVI、GIF、TIFF、PSD	DWG、DXF、3DS、OBJ、AVI
商业价格	较昂贵	价格适中	价格便宜	价格适中	价格便宜
应用专业	动漫、影视制作	动画片制作、建筑效果图、建筑动画	动画制作、机械制造、工业设计	音频处理及视频剪辑、动画短片制作	建筑、规划、园林、景观、室内以及工业设计

表 4-2　行业 3D 建模软件的特点与比较

特点	行 业 软 件							
	Pro/E	SolidWorks	AutoCAD	CATIA	UG	Cimatron	CAXA	开目 CAD
软件特点	全参数建模、单一的变换直接影响全局的变化；比较严谨	全参数化建模和复杂装配，可生成工程图	二维绘图功能和二次开发功能	特有的高次 Bezier 曲线曲面设计功能；集 CAD/CAE/CAM 一体化	半参数化建模，建模效率高，比较自由	良好的混合建模技术、三维模具设计自动化；较全面的数控加工	全面的机械类国家标准；图形编辑与转换功能不如国外软件	全面的机械类国家标准；图形编辑与转换功能不如国外软件

（续）

特点	行业 软件							
	Pro/E	SolidWorks	AutoCAD	CATIA	UG	Cimatron	CAXA	开目 CAD
易掌握程度	较难掌握	较易掌握	较难掌握	适中	较难掌握	较易掌握	易学易用	易学易用
较好的兼容性	UG、SolidWorks、CATIA、	UG、CATIA、Pro/E	CATIA、CAXA、开目 CAD	UG、Cimatron	CATIA、Cimatron	AutoCAD、UG、CATIA、Pro/E	AutoCAD	AutoCAD
导出主要格式	IGES、PRT、DXF、STL、STEP 等	IGES、PRT、DXF、STL、STEP 等	DXF、STL、DWG 等	IGES、DXF、STL、SAT、DWG 等	IGES、DXF、STL、CATIA 和 DWG 等	IGES、DXF、STL、DWG、CATIA 等	DWG、DXF、EXB 等	DWG、DXF、EXB 等
商业价格	偏贵	适中	偏贵	适中	偏贵	偏贵	便宜	便宜
应用专业	航空航天、汽车、轮船、机械产品设计	机械产品设计	建筑、工业、工程制图、服装加工	航空航天、汽车、轮船等设计	模具制造业	汽车、航空航天、计算机、医药、光学仪器	机械、汽车、航天、装备	机械、汽车、航天、装备

第三节　3D 建模软件的选用原则

综合以上所述三维建模软件的使用情况，可以看出，不论是那一款通用和行业 3D 建模软件，都能直接或间接地达到设计人员所需 3D 建模的目的，只是每一款软件都有自己的擅长之处。设计师们可结合自身的实际情况以及设计领域，有的放矢地选择与应用 3D 建模软件。

以下几点是 3D 建模软件选用的基本原则，可供使用者选择时进行参考。

一、通用 3D 建模软件的选择原则

（一）快速掌握原则

在通用三维建模软件 Maya、3DS Max、Rhino、Blender、SketchUp 中，最为简单易学的要属 3DS Max、Rhino、SketchUp 软件，因为它们可以让使用者很快上手，短时间内即能掌握最基本的建模功能。

（二）专业特长原则

Maya 软件的最大优势是三维建模、着色和渲染、动画及影视制作，因此若想制作高端的动画片及电影、电视广告及游戏动画等，可选择使用 Maya 软件，但若想将它活学活用，还需花费一定的时间。

3DS Max 软件的三维建模与渲染功能以及其 3D 立体摄影机功能是所有三维建模软件中不可替代的，因此它在三维建筑效果图、建筑动画制作方面的优势较强。

Rhino 软件在创建、编辑、转换 NURBS 曲线及曲面方面功能非常强大，并支持多边形网格和点云的创建，因而可用于机械制造、工业设计等方面快速研发的新产品。

Blender 软件在音频处理及视频剪辑方面能处理得非常恰当到位，它能提供从建模、动画、材质及渲染，到后期的视频剪辑、音频处理等一系列的动画片制作及解决方案，但设计者需花费一定的时间才能掌握此软件。

SketchUp 软件尤其适用于建筑设计师，它就像一支铅笔，设计师们可凭借这只特殊的"电子铅笔"进行任何复杂图形的简单绘制，也可以方便地将其转换成复杂的三维数据模型。

（三）应用范围原则

Maya 软件擅长应用于电影制作、动画片制作、电视栏目包装、电视广告、游戏动画等方面；3DS Max 软件则擅长游戏动画、建筑动画及效果图的制作；Rhino 软件更多用于三维动画制作及工业制造、机械设计等领域的三维设计与建模；Blender 软件在最新的研究结果中表明，它在虚拟现实领域中，通过自带 Python API 函数调用 Blender 建模引擎，可实现虚拟场景三维模型的自动生成，这提升了 Blender 软件在虚拟现实领域中的拓展与应用；SketchUp 软件则在建筑效果草图设计领域里的应用具有较强的优势。

二、行业三维建模软件

（一）快速掌握原则

在行业三维建模软件 Pro/E、SolidWorks、AutoCAD、CATIA、UG、Cimatron、CAXA、开目 CAD 中，最为简单易学的要属 SolidWorks、CAXA 和开目 CAD 软件，它们可以让使用者很快上手，短时间内即能掌握最基本的三维建模功能。

（二）专业特长原则

Pro/E 软件的最大特点，是参数化、基于特征和全尺寸相关的建模特色，可使设计者同时进行同一产品的设计与制造工作。此外，它可进行模拟装配和可行性分析，从而缩短设计周期，降低生产成本。

SolidWorks 软件具有强大的绘图自动化功能，能使设计师无需加载每一个部件到内存就能创建装配图，只需拖拽并释放一个装配件到工程图中即可完成装配。因此，设计者能在很短的时间内生成上万个组件装配的 2D 图。

AutoCAD 软件的最大优点，是具有强大的图形编辑功能；可以采用多种方式进行二次开发或用户定制；可以进行多种图形格式的转换，具有较强的数据交换能力；支持多种硬件设备及操作平台，并且具有通用性、易用性。因此，工程技术人员进行设计研究时，可将 AutoCAD 软件作为首选软件。

CATIA 软件提供了完备的设计对象混合建模技术，即无论是实体还是曲面，都可做到真正的互操作。此外，设计者在设计过程中，可以不必考虑参数化设计目标，因为它提供了其他软件所没有的变量驱动及后参数化能力。CATIA 软件的另一优点，就是它能提供智能化的树结构，通过这个树结构，设计者即使在设计的最后阶段需要做重大修改，都能便捷地进行整个设计方案的重新整合与修改工作，而这可使新产品的设计周期大大缩短。

UG 软件不仅具有强大的实体与曲面造型、虚拟装配和产生工程图等设计功能，在设计过程中还可进行有限元及机构运动分析、动力学分析和仿真模拟，从而可提高设计的可靠性。此外，UG 还可以将三维数据模型直接生成数控代码，并将其用于产品的加工及后处理程序。因此，它支持多种类型的数控机床进行数控加工。

Cimatron 软件是目前世界上公认的最优秀的 NC 加工软件之一，它可以满足数控加工所需要的各项功能，具有刀路计算快、NC 文件短等优点，并具有人性化、智能化的特点。此外，其新增加的快速预览功能更能大大地缩短程序编制的时间，而且其编程操作简单易用。

CAXA 和开目 CAD 软件是国产的、优秀的 CAD 软件，深受我国工程设计人员的喜爱。这两款软件的共同特点是，对机械的国家标准罗列的比较全面，绘图效率比较高。此外，这两款 CAD 软件在绘制简单图形时简单易学，而且价格便宜。唯一的局限性，就是它们都有各自的图形文件格式，自成体系，在与其他国外相关软件进行转换时，有些图素的属性会发生变化。

（三）应用范围原则

上述行业三维建模软件（如 Pro/E、SolidWorks、AutoCAD、CATIA、UG、Cimatron、CAXA、开目 CAD 等）的具体应用范围大致如下：Pro/E 软件在草图与装配设计方面具有长处，因而主要应用于机械、模具、工业设计、汽车、航天、家电、玩具等领域；CATIA、UG 软件在各方面功能上要比 Pro/E 强大，因而普遍应用于航空航天及汽车领域；Cimatron 软件目前在国内的制鞋领域应用较为普遍；CAXA、开目 CAD 软件由于其具有符合我国设计人员的设计习惯且价格便宜等特性，较普遍应用于我国的机械、汽车、航天及装备领域。

总之，设计者在选用 3D 建模软件时，要综合考虑各方面因素（如自身的财力及可接受能力），再决定选用哪款 3D 建模软件，或根据以上各 3D 软件的介绍，同时选用几款 3D 软件，以便有选择地对其相关设计功能进行互补，以达到将设计理念完美地付诸于所需的 3D 数据资料中的目的。

本 章 小 结

本章主要论述了主要的 3D 建模软件及其基本上可以完成的两大类功能：实体

建模和曲面建模。3D 建模软件恰当、合理的选用，对所需设计产品的 RP 制作，以及对 RP 工艺后期的处理，都有很大的影响，有时甚至能缩短相当一部分快速成型前期的建模时间并提高 3D 的建模质量，达到事半功倍的效果。

　　目前 3D 建模软件种类繁多，通常可分为两大类：通用软件和专业软件。本章详细叙述了主要、常用的这两大类软件的特点与比较，并给设计者提供了可参考的 3D 建模软件的选用原则。

复习思考题

1. 目前通用 3D 建模软件主要有哪几种？它们的特点是什么？
2. 行业 3D 建模软件主要有哪几种？它们的特点是什么？
3. 试述你选用 3D 建模软件的依据。

第五章 快速成型技术的数据处理及关键技术

内容提要

从上一章的论述得知，采用快速成型技术进行产品或模型的加工与制作，首先需要准备好三维 CAD 数据模型。目前几乎所有的快速成型的加工制造方法，都是借助三维 CAD 数据模型，经过恰当的切片处理后来直接驱动快速成型设备进行快速加工与制作的。三维 CAD 数据模型资料须处理成快速成型系统所能接受的、特点的数据格式，才能进入快速成型系统进行特定的切片处理工作。因此，在准备采用 RP 技术之前以及原型制件的制作过程中，都需要进行大量的数据准备及处理工作，并且数据的准备和处理工作直接决定着原型制件的成型效率、表面质量和精度。因此，在整个 RP 技术的实施过程中，三维 CAD 数据的处理是十分必要和相当重要的工作。

从上一章图 4-1 所示的 RP 工艺基本流程可以看出，快速成型系统要解决的主要问题是提出快速成型工艺方法并进行具体实施。RP 系统本身不具备三维实体的造型功能，因此 RP 系统一般都是借助于三维 CAD 造型软件得到物体的三维数据。三维 CAD 数据处理的软件不同，所采用的数据格式也不同，即不同的 CAD 系统所采用的数据格式各不相同。同时，不同的快速成型系统也采用各自不同的数据格式与文件，这些都会给数据的交换、资源的共享造成一定的障碍。因此，要寻找一种中间的数据格式，即 RP 工艺系统能有效识别的中间数据格式。

目前，快速成型系统能接受以下几种中间数据格式：IGES、STEP、DXF、STL、SLC、CLI、RPI、LEAF 等。其中，美国 3D System 公司开发的 STL 文件格式几乎被大多数快速成型系统所接受，因此被认为是快速成型数据的准标准。虽然 STL 文件格式用途广泛，但由于 STL 模型只是对 CAD 模型的几何近似，它在与三维 CAD 数据模型进行转换时存在一定的误差，文件的检测与错误修复工作复杂，并且存在拓扑信息不完整与近似逼近精度低等缺点。

为了避免中间数据格式存在的误差与缺点，基于三维 CAD 数据模型的直接分层已成为 PR 技术的一个重要研究内容。直接将三维 CAD 数据模型进行切片，能较好地保持数据模型的几何及拓扑信息，提高快速成型的制件精度，同时减少数据转换过程造成的误差，文件的数据量也相应减少。

为了提高成型制件的成型精度及表面质量，缩短加工所需时间，快速成型技术所用数据应进行相应的技术处理。快速成型技术的数据处理主要包括前期读入数据的预处理、中期的数据处理（如成型方向的合理选择、零件的合理布局、工艺支撑的设定、层片文件的生成等）。

第一节 快速成型技术前期的数据预处理

由前面介绍得知，快速成型技术采用材料逐层增加的工艺方法，即由 RP 设备加工制作的三维实体模型是由一层层材料逐层堆积叠加形成的。因此，在快速原型制造之前，首先需从 CAD 系统、逆向工程、CT 等获得几何数据，用快速成型分层软件能接受的数据格式进行保存；然后，对三维数据模型进行二维处理，包括对三维数据模型的工艺处理、STL 等文件的处理、层片文件的处理等，即把复杂的三维数据信息转变成为一系列二维的层面信息；再按照 RP 设备能够接受的数据格式输出到相应的快速成型系统；快速成型系统再根据二维的层片信息，逐层进行堆积叠加，最终形成三维实体产品或模型。快速成型技术的数据处理流程如图5-1 所示。

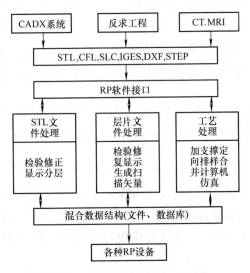

图 5-1　快速成型技术的数据处理流程

一、快速成型技术的数据来源

快速成型技术的数据来源主要有以下两大类：

（一）三维 CAD 数据

这是最重要、应用最广泛的数据来源。由三维实体造型软件（Proe、Solid-Works、AutoCad 等）生成产品的三维 CAD 数据模型，然后对数据模型直接分层，得到精确的截面轮廓。最常用的方法是将三维 CAD 数据模型转换为三角网格形式的数据资料，然后对其进行分层，从而得到 RP 系统专用加工路径。

（二）逆向工程数据

此类数据的来源主要是借助逆向工程相关软件，借助逆向工程测量设备（如三维扫描仪），对已有零件进行三维实体扫描，从而获得实体的点云数据资料；再对这些点云数据资料进行相关的处理：对数据点进行三角网格化生成 STL 文件，再进行分层数据处理，或对三维点云数据直接进行分层处理。

图 5-2 所示为 RP 系统采用的主要数据接口格式。从图中可以看出，目前快速成型系统常用的数据接口格式有以下两种：一种基于几何模型的数据接口格式，如

STL、IGES、STEP 等类型，可以从外界（如 RE、CAD 系统等）直接接受；另一种是基于 RP 系统切片的数据接口格式，如 CLI、HP/QL、CT 等数据格式。由于 RP 系统的零件成型方式是采用分层叠加制造，因此以几何模型作为接口格式时，RP 系统在成型前需对零件的几何模型进行"切片"处理，将其转化成为片层类的数据格式，以便供给快速成型系统生成 NC 代码。其中，STL 文件格式结构较为简单，并且易于实现，因而已成为目前 RP 系统普遍采用的接口格式。

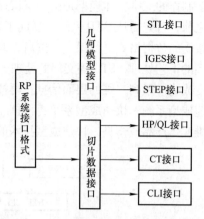

图 5-2　RP 系统采用的主要数据接口格式

RP 系统除了采用图 5-2 中描述的主要数据接口格式外，常用的数据格式还有以下几种：DXF、LMI、SLC、HPGL 等。以下详细介绍 RP 系统几种常用格式的数据预处理方法。

二、STL 数据格式的预处理

STL 数据格式属于三维面片型的数据格式。目前，国际市场上的大多数 CAD 软件几乎都配有 STL 数据文件的接口，STL 文件也是大多数 RP 系统使用最多的数据接口格式，它已成为 RP 技术领域公认的行业标准。STL 数据文件在 RP 系统中的作用如图 5-3 所示。

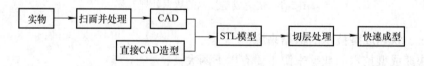

图 5-3　STL 数据文件在 RP 系统中的作用

STL 数据格式的出发点就是用小三角形面片的形式去逼近三维实体的自由曲面，即它是对三维 CAD 实体模型进行三角形网格化得到的集合。在每个三角形面片中，STL 数据格式都可由三角形的三个顶点、指向模型外部的三角面片的法矢量组成，即 STL 数据格式是通过给出三角形法矢量的三个分量及三角形的三个顶点坐标来实现的。STL 文件实体模型的所有三角面片，如图 5-4 所示。图 5-5 所示为采用 STL 数据格式描述的 CAD 模型。

STL 文件是目前 RP 技术中应用最广的数据接口格式，它具有以下显著优点：输入文件广泛，几乎所有的三维几何数据模型都可以通过三角面片化生成 STL 文件；生成方法简单，大部分三维 CAD 软件都具备直接输出 STL 文件的功能，且能初步控制 STL 的模型精度；分层算法较为简单；当所制作的模型体积较大不能一次成型时，易于分割。

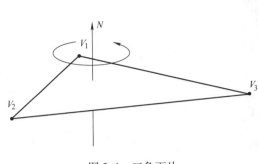

图 5-4　三角面片

图 5-5　采用 STL 数据格式
描述的 CAD 模型

但是 STL 文件格式也有自身的缺点：数据量极大；有冗余现象；在数据的转换过程中有时会出现错误；由于是采用三角形面片的格式去逼近整个实体，因此存在逼近误差等。因此，STL 文件格式在数据处理速度、准确性和稳定性方面还有待提高。

（一）STL 文件的精度

前面讲到，STL 文件的数据格式是采用小三角形面片的形式去逼近三维实体模型的外表面，因此小三角形数量的多少将直接影响模型的成型精度。选取的三角形面片越多，则制作出来的模型制件的精度就越高。但是，过多的小三角形面片会造成 STL 文件过大，会加大计算机的存储容量，从而增加 RP 系统用于切片的处理时间。因此，当从三维 CAD/CAM 软件输出 STL 格式文件时，应该根据模型的复杂程度、快速原型的精度要求等各方面进行综合考虑，以选取最恰当的精度指标和控制参数。

输出 STL 格式文件的精度控制参数与 RP 成品制件的质量密切相关。STL 文件逼近 CAD 模型的精度指标实质上就是小三角形的数量的多少，也即三角形平面逼近曲面时的弦高的大小。

弦高是指三角形的轮廓边与曲面之间的径向距离，如图 5-6b 所示。用多个小三角形面进行组合来逼近 CAD 模型表面，这只是原始模型的一阶近似，它不包含邻接关系信息，不能完全彻底地表达出原始设计的意图。因此，它距离真正的模型表面有一定的误差。图 5-6a 所示为球体输出 STL 文件时的三角形划分，从图中可以看出，弦高的大小决定着三角形的数量，也直接影响输出成型制件的表面质量。

由此可见，STL 文件的误差是由曲面到小三角形面的距离误差或弦高差（指近似三角形的轮廓边与曲面之间的径向距离）控制的。精度要求越高，选取的三角形应该越多。图 5-7 所示为弦高值为 50.8mm（2in）时的三角形面，图 5-8 所示为弦高值为 25.4mm（1in）时的三角形面，图 5-9 所示为弦高值为 1.27mm

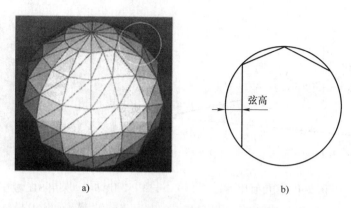

a)   b)

图 5-6　STL 数据格式描述的 CAD 模型
a）球体输出 STL 文件时的三角形划分　b）弦高

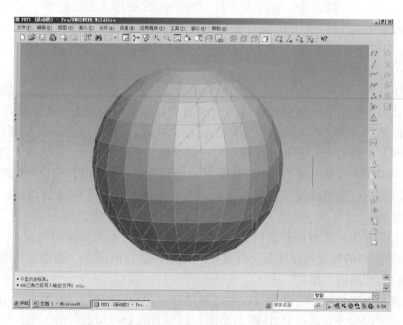

图 5-7　弦高值为 50.8mm（2in）时的三角形面

（0.05in）时的三角形面。从这三张图可以看出，过多、过密的三角形面会引起系统存储容量的增加，切片的处理时间同时也会增加。因此，选取的精度指标和控制参数应根据 CAD 原型以及 RP 技术的要求进行综合考虑。

（二）STL 文件格式的基本原则

1. 共用顶点原则　三维实体模型在进行三角网格化后，每一个小三角形的形面必须与相邻的小三角形形面共用两个顶点，即一个小三角形形面的顶点必须落在相邻三角形形面的点上，而不是边上。

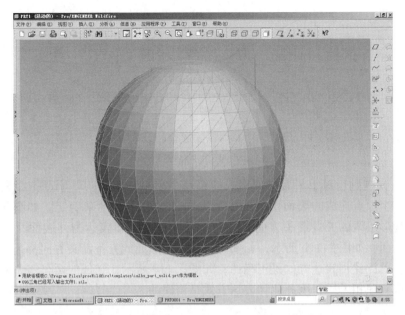

图 5-8　弦高值为 25.4mm（1in）时的三角形面

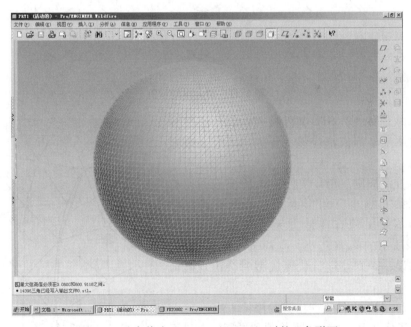

图 5-9　弦高值为 1.27mm（0.05in）时的三角形面

例如图 5-10a 中的四个三角形共顶点 A，此种表达是正确的；而图 5-10b 所示的两个三角形共用顶点 A，但 A 点落在了另一大三角形的边上，因此此种表达方法是错误的。

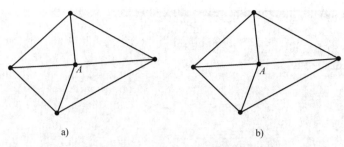

图 5-10　共用顶点原则例子

2. 取向规则　对于 STL 文件格式的每一个小三角形面，以顶点排序表示边的矢量，三个顶点连成的表面法线的矢量方向依据右手法则来确定。如图 5-11a 所示，三角形法线的矢量箭头方向是朝向纸张的外面，即表达为外表面，反之则表达为内表面；如图 5-11b 所示，相邻的两个三角形面的矢量箭头方向都是朝向纸张的里面，因此此种表达方式是正确的；如图 5-11c 所示，相邻的两个三角形面的矢量箭头取向互相矛盾，因此此种表达方式是错误的。

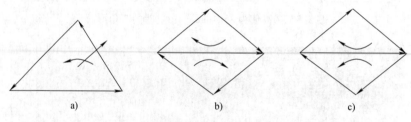

图 5-11　取向规则示例

3. 取值规则　STL 文件格式的每一小三角形面的顶点坐标值都应该为正值，不能出现零和负数。

4. 充满原则　STL 文件格式的模型的所有表面都须布满小三角形面片，不能有遗漏之处，即不能出现有些地方无三角形形面。如图 5-12 所示的间隙之处，应补全小三角形面，消除错误，否则在进行快速成型时会出现破面现象。

（三）STL 文件错误格式的修补方法

为了保证 RP 工艺快速并顺利进行，在进行 RP 加工之前，需对 STL 文件进行审核、编辑以及修改等工作。目前，已有一些专用于 STL 文件的审核与编辑修改的软件，如比利时 Materialise N. V. 公司开发的 Magics 软件、美国 Im-

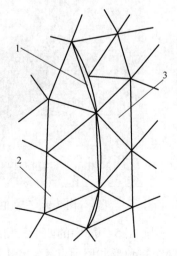

图 5-12　充满原则示例
1—间隙　2—表面 1　3—表面 2

ageware Copy 开发的 Rapid Prototyping Module 软件等。其中 Magics 软件对 STL 文件的编辑与修复功能最为强大。

Magics 软件专门适合 STL 文件的研发与创新，具备完整的 STL 文件的解决方案，并且支持多种软件的输入格式，如 Pro/E、IGES、VDA、STEP、UG、CATIA 等软件的格式。因此，此软件几乎与大部分三维 CAD 建模软件相兼容。

此外，针对快速成型问题，此软件中的 Magics RP 功能模块能编辑、控制整个 RP 的成型过程，并且它能提供以下各种功能：浏览和测量 STL 文件；修改、分割与切片分析 STL 文件；进行布尔运算，生成中心腔体；进行模型表面缺陷的检测工作。

Magics 软件对 STL 文件主要有两种修复方式：对零件进行全局性修改和局部性修改。全局性修改指的是全自动的、对整个三维 CAD 模型进行修复；局部性修改是指通过人工手动的方式，逐一修改 STL 文件中的一些小错误，如间隙、空洞、交叉、重叠面等错误。具体修复的步骤和内容大致有以下几步：

1. 观察　Magics 软件提供了观察功能，能各个角度观察 STL 格式文件所表达的三维模型（包括其内部结构），获得正确的截面轮廓形状，以便更好地了解 STL 格式文件所表达的模型。

2. 测量　对 STL 格式文件所表达的模型进行点与点、线与线、弧与弧之间的三维测量。

3. 变换　可对 STL 文件进行各种变换，如复制、分割、镜射、缩放、减少三角形数量、布尔运算等。

4. 修改　可修改 STL 文件中的错误，如调整法线方向、缝合、填充裂缝等。

5. 形成支撑结构　有些 RP 工艺需要设计一些支撑结构，支撑结构的形式有多种多样，可通过人机交互形成最佳的适合原型制件的支撑结构。

图 5-13 所示为一种设计较为合理的脚手架式支撑结构。这种结构的最大优点是能大大节省制作时间、材料，以及支撑结构易于分离。

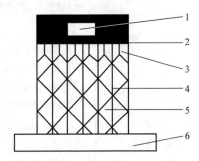

图 5-13　脚手架式支撑结构
1—工件　2—连接点　3—针柱
4—脚手架　5—孔眼　6—工作台

6. 输出　按照事先设定好的方向及位置，在快速成型设备上制作出成型制件，同时估算出制作成型制件所需费用和时间。

（四）STL 文件的导出方法

利用三维建模设计软件（如 Pro/E、SolidWorks、Unigraphics、AutoCAD 等）设计和构建三维 CAD 模型，然后输出为 STL 格式的文件，其最佳导出方法见表 5-1。

表 5-1 STL 文件的最佳导出方法

Alibre	File→Export→Save As（选择 ∗.STL）→输入文件名→Save
AutoCAD	输出模型必须为三维实体，且 X、Y、Z 坐标都为正值。在命令行输入命令 "Faceters"→设定 FACETRES 为 1~10 之间的一个值（1 为低精度，10 为高精度）→在命令行输入命令 "STLOUT"→选择实体→选择 "Y"，输出二进制文件
CADKey	从 Export（输出）中选择 Stereolithography（立体光刻）
I-DEAS	File→Export→Rapid Prototype File→选择输出的模型→Select Prototype Device（选择原型设备）→SLA500. dat→设定 absolute facet deviation（面片精度）为 0.000395→选择 Binary（二进制）
Inventor	Save Copy As→选择 STL 类型→选择 Options，设定为 High
IronCAD	单击要输出的模型→Part Properties→Rendering→设定 Facet Surface Smoothing（三角面片平滑）为 150→File→Export→选择 ∗.STL
Mechanical Desktop	使用 AMSTLOUT 命令输出 STL 文件。下面的命令行选项影响 STL 文件的质量，应设定为适当的值，以输出需要的文件 1）Angular Tolerance（角度差）→设定相邻面片间的最大角度差值，默认 15°，减小可以提高 STL 文件的精度 2）Aspect Ratio（形状比例）→该参数控制三角形面片的高/宽比 3）标志三角形面片的高度不超过宽度。默认值为 0 4）Surface Tolerance（表面精度）→控制三角形面片的边与实际模型的最大误差。设定为 0.0000 5）Vertex Spacing（顶点间距）→控制三角形面片边的长度。默认值为 0.0000
ProE	1）File→Export→Model 2）或者选择 File→Save a Copy→选择 ∗.STL 3）设定弦高为 0，然后该值会被系统自动设定为可接受的最小值 4）设定 Angle Control（角度控制）为 1
ProE Wildfire	1）File→Save a Copy→Model→选择文件类型为 STL（∗.stl） 2）设定弦高为 0，然后该值会被系统自动设定为可接受的最小值 3）设定 Angle Control（角度控制）为 1
Rhino	File→Save As
SolidDesigner（Version 8. x）	File→Save→选择文件类型为 STL
SolidDesigner（not sure of version）	File→External→Save STL（保存 STL）→选择 Binary（二进制）模式→选择零件→输入 0.001mm 作为 Max Deviation Distance（最大误差）
SolidEdge	1）File→Save As→选择文件类型为 STL 2）Options： 设定 Conversion Tolerance（转换误差）为 0.00mm 或 0.0254mm 设定 Surface Plane Angle（平面角度）为 45.00

（续）

SolidWorks	1) File→Save As→选择文件类型为 STL 2) Options→Resolution（品质）→Fine
Think3	File→Save As→选择文件类型为 STL
Unigraphics	1) File→Export→Rapid Prototyping→设定类型为 Binary（二进制） 2) 设定 Triangle Tolerance（三角误差）为 0.0025 　　设定 Adjacency Tolerance（邻接误差）为 0.12 　　设定 Auto Normal Gen（自动法向生成）为 On（开启） 　　设定 Normal Display（法向显示）为 Off（关闭） 　　设定 Triangle Display（三角显示）为 On（开启）

三、RP 系统数据接口格式

当前，RP 系统采用的数据接口格式除了 STL 文件格式外，还有二维、三维层片数据格式，例如，二维层片数据格式文件有 SLC、CLI、HPGL 等，三维层片数据格式文件有 IGES、STEP、DXF、DXF 等。

（一）二维层片数据格式（SLC、CLI、HPGL 等）

SLC、CLI、HPGL 等属于二维层片的数据文件格式。这些文件基本与 RP 工艺和设备无关，只是对 STL 文件进行一些必要的补充，其目的是让三维 CAD 数据模型与 RP 工艺与设备之间建立更好的联系。此类二维层片文件可从逆向工程中得到，因此它对 RP 工艺与逆向工程技术的集成影响较大。

二维层片格式的文件具有如下优点：可直接在 CAD 建模系统内进行分层，可省略 STL 分层的处理时间，提高模型的制造精度，并降低文件的存储量。其最大优点是错误较少并容易修复。

二维层片格式的文件具有如下缺点：由于是二维层片格式的文件，因此分层厚度无法进行更改；模型制件无法添加支撑，并且不能重新进行旋转或定位。

目前二维格式的文件主要用于三维数据模型进行分层处理后，协助 STL 文件进行转换，成为 RP 工艺及设备可识别的数据文件。其主要的辅助作用如图 5-14 所示。

1. SLC 文件格式　　SLC（Stereo Lithography Contour）文件格式是美国 3D System 公司开发的一种格式，它是对三维 CAD 数据模型进行二维半的轮廓表述，即在 Z 轴方向上由一系列横截面组成，在每一层横截面当中，三维实体模型都是由内、外边界等多线进行表达和描述的。

获得 SLC 数据文件的途径较多，例如从三维 CAD 数据模型和表面模型、CT 扫描数据等进行转化获得。它与 RP 系统的切层数据十分相似。STL 文件通过借助 SLC 数据资料，作为 CAD 与 RP 系统间的数据接口，可直接利用三维 CAD 系统进行切片处理，以避免在生成 STL 文件所造成模型精度的部分丢失，同时 CAD 系统也较容易进行切片处理工作。此外，以 SLC 数据文件作为 RP 工艺的输入数据，对

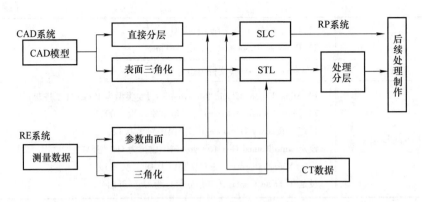

图 5-14　二维格式文件的辅助作用

于目前大部分 RP 工艺及相关设备来说适应性较好，而且对 RP 工艺系统在加工参数、生成支撑、成型方法等方面的参数选择没有约束。

SLC 文件格式中使用的实体元素有轮廓层、轮廓边界、线段，多线等。轮廓层表示三维 CAD 数据模型在 Z 轴向上的一层层轮廓数据，横截面的切片层是在与 X-Y 平面平行的一层层截面上，并有一定的层厚。轮廓边界是用于描述模型内、外部边界的封闭线。内边界的多线按顺时针方向进行分步与排列，实体材料部分则在多线的外部；外边界的多线按逆时针方向进行分步与排列，实体材料部分则在多线的内部。线段是指连接两个二维顶点的直线。多线是指由多个连续线段连接起来的、有序的序列，多线呈闭合状态。

SLC 数据格式存在着以下不足之处：每一层切片数据是对三维实体的近似表达，精度不高；SLC 文件的数据量大，计算时间较长并较为复杂。

2. CLI 文件　CLI（Common Layer Interface）文件格式是在欧洲汽车制造商支持的 Brite Euram 项目中研发出来的一种二维数据格式。研发 CLI 文件的目的，是为 RP 工艺系统提供另一种 2.5 维层片的数据表达形式。零件的几何形状由这些 2.5 维层面进行表达，每一层都是由具有一定厚度的一系列轮廓和剖面线来定义和描述的。

CLI 数据格式所使用的实体元素有填充线和多线。填充线由一系列的平行直线组成；多线就是将一系列的顶点按事先排列好的顺序，用一段段直线连接起来。通过设定填充线和多线，可以设计加工出支撑结构。

CLI 文件是目前 RP 工艺与设备较为普遍接受的一种二维数据接口文件。CLI 数据文件的最大特点是简单、高效、易于切片和纠正层层信息中的模型错误，并且具有自动修复的功能。它在医学领域的计算机断层扫描技术（Computer Tomography，简称 CT）及制造领域的分层制造技术（Laminated Manufacturing Technology，简称 LMT）中的应用较为广泛，极适用于树脂层加工、光加工、熔丝挤出或粉末烧结等 RP 系统的三维实体模型加工与制造。

CLI 文件也有不足之处，CLI 数据文件中的层层数据都是用具有一定层厚的层片和轮廓线进行表达的，而轮廓线也只是定义出实体边界的区域，是对轮廓曲线的近似表达，因此轮廓精度较低，文件的数据量大，生成 CLI 数据文件的时间较长。

3. HPGL 文件 HPGL（Hewlett Packard Graphics Language）文件格式是绘图仪的一种标准数据格式，它也属于二维的数据类型，包括样条线、文本、曲线、圆等信息。该文件格式的突出优点在于：目前一般的三维 CAD 软件都具有输出 HPGL 文件的接口而不需另外开发；此外，采用 HPGL 文件格式，不需进行切片就可直接传输到 RP 工艺系统中进行快速制造。

表5-2 列出了以上三种二维层片数据格式的各自特性及比较。

表5-2 二维层片数据格式各自的特性及比较

属性	SLC	CLI	HPGL
准确性	一般	一般	一般
表达类型	多边形	多边形	多边形
可修复性	好	好	好
冗余性	无	无	无
完备性	是	是	是
存储性	一般	一般	一般
中性	否	是	是
数据来源	几何、拓扑	几何、拓扑	几何、拓扑

（二）三维层片数据格式（STEP、DXF、IGES、LMI 等）

1. STEP 文件 STEP（Standard for the Exchange of Product）文件是新研发出的工程产品数据交换标准接口文件。目前，它涵盖了工业各个领域的行业标准，归档为 ISO 10303。

STEP 文件的优点是信息量很大，并且 STEP 格式文件目前已是国际上产品数据交换的标准接口格式文件之一，因此将 STEP 文件作为三维 CAD 数据和 RP 工艺之间的接口转换文件。STEP 数据格式的缺点是文件中包含许多 RP 工艺额外的冗余数据量。因此，在进行三维 CAD 数据和 RP 工艺之间的接口转换时，首先必须去除一些不必要的冗余信息量，同时进行数据压缩、加入拓扑信息等工作。

2. DXF 文件 DXF（Drawing Exchange Format）文件是 AutoCAD 中的矢量文件格式，它以 ASCII 码方式存储文件，在表现图形的大小方面十分精确，具有独到之处，目前许多软件都支持 DXF 格式的输入与输出。目前，DXF 格式文件已是工业应用的实际标准。

DXF 文件格式数据量大，结构较为复杂，在描述复杂的三维产品信息时容易出现信息丢失等现象。

3. IGES 文件　IGES（Initial Graphics Exchange Specification）格式文件于 1982 年成为 ANSI 标准，现已成为商用 CAD 系统的图形信息交换标准文件，在工业领域得到了较为广泛的应用，大部分商用的 CAD 系统都可借助 IGES 文件进行文件的相互转换。目前有许多 PR 工艺系统接受 IGES 格式文件。

图 5-15 所示为 IGES 格式文件在 CAD 系统之间进行数据传输与转换的基本原理示意图。IGES 格式文件定义了单元和单元属性，主要用于描述产品几何模型的语言、几何信息、拓扑、结构等内容，它可以精确地描述三维 CAD 数据模型。此外，通过 IGES 格式文件中的结构单元和属性可以定义三维实体的具体结构。

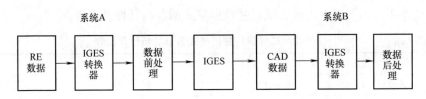

图 5-15　IGES 格式文件在 CAD 系统之间进行数据传输与转换

IGES 格式文件的优点是：可提供点、线、曲线、圆弧、曲面、体等实体信息；能精确地表示出三维 CAD 数据模型信息。IGES 格式文件的缺点是：IGES 格式文件虽然是一个通用标准，但包含了大量的、不必要的冗余信息量；不支持面片格式的描述；其切片算法比 STL 格式文件的切片算法复杂；若三维实体模型需设立支撑结构，则其支撑结构必须要先在 CAD 系统内创建完成后，再转化成 IGES 格式，否则无法实现。因此，若 RP 工艺系统采用 IGES 格式文件，与 STL 文件相比，工艺规划较为繁琐。

虽然目前采用 IGES、STEP 切片的文件格式还存在一些问题，但是 IGES、STEP 文件切片基本独立于 CAD 软件之外，且算法通用性较好，因此各方面性能比 STL 格式更完善。

4. LMI 文件　LMI（Layer Manufacturing Interface）格式文件支持面片模型。LMI 格式文件的最大特点是不依赖任何软、硬件环境和 RP 处理过程，包含三角面片的拓扑信息；文件中无冗余的数据信息；支持精确模型；具有一定的柔性与可扩展性，在表示上也不存在二义性。

5. RPI 文件格式　RPI（Rapid Prototyping Interface）格式文件的获取方法可以从 STL 文件格式中派生，即 RPI 格式文件可以描述面片模型的信息，文件中定义了如边、面片这样的新实体的类型。它在每个面片中不仅仅是列出顶点坐标，并加入了拓扑信息。RPI 格式是由多个实体组合而成的，每一个实体内部定义了它所包含的数据信息。

RPI 格式文件的优点是：RPI 文件格式具有极大的灵活性，易扩展，文件结构紧凑，且没有冗余信息，这是由它的拓扑信息和插入式的数据格式决定的；它还可以描述 CSG（Constructive Solid Geometry）实体，使得 RPI 格式既可以描述面片化的实体，又能表达出 STL 文件格式的模型。但是，由于 RPI 格式文件具有极大的灵活性，造成了后续的切片处理较为繁琐与复杂。

6. LEAF 文件　LEAF（Layer Exchange ASCII Format）格式文件是由 Helsinki 科技大学研发的。LEAF 格式文件可将三维 CAD 数据模型分为几个层次进行描述。此外，LEAF 格式文件能直接描述所有的 CSG 模型，而且原始样件与支撑结构部分及容易分离。LEAF 格式文件的缺点是，其结构较为复杂，当将其格式数据转换至 RP 工艺系统中时，需要一个特殊的转换器才能完成正确的转换。

表 5-3 列出以上几种三维层片数据格式各自的特性及相互比较。

表 5-3　三维层片数据格式各自的特性及比较

属性	STEP	STL	CFL	RPI
准确性	好	一般	一般	一般
表达类型	B-rep CSG	三角化模型	面片化边界	面片化边界及 CSG
可修复性	一般	一般	一般	一般
冗余性	好	一般	好	好
完备性	有	无	无	有
存储性	好	差	一般	好
中性	是	是	否	是
数据来源	几何、拓扑、RP 工艺	几何	几何、拓扑	几何、拓扑、RP 工艺

第二节　快速成型技术中期的数据处理

前面讲到，快速成型技术是采用分层制造的工艺加工方法。将已经设计好的三维 CAD 数据模型传输与转换至 RP 工艺系统中后，在 Z 轴方向上切分成一系列的、具有一定相同厚度的薄层；再将每层的几何形状信息转换成控制快速成型设备运行的数控代码；快速成型设备根据控制指令进行二维扫描与组成快速制造；与此同时进行层与层的粘结工作。因此，在 RP 工艺制造过程中，需要不同的相关软件来完成不同阶段的特定的功能。RP 工艺数据的处理是 RP 工艺技术的关键第一步。

因此，在三维 CAD 软件与 RP 工艺系统两者之间要有一个数据接口。RP 工艺系统通过这数据接口，将三维 CAD 数据模型生成所能接受的片层数据，并将其离散化。目前，三维 CAD 造型软件的种类很多，有 CATIA、Pro/E、UG、Solid-Works、SolidEdge 等软件。这些三维 CAD 造型软件所输出的三维 CAD 数据模型的格式各不相同，格式的多样性造成了与 RP 技术系统之间数据接口的复杂性与多样性。

一、RP 技术系统中 CAD 模型的数据处理技术

1. 三维 CAD 软件与 RP 技术系统之间的数据接口　三维 CAD 软件与 RP 技术系统两者之间使用的数据接口可分为两大类：利用中间格式文件进行切片和直接切片。目前，使用最广的数据接口方式是，首先将各种三维 CAD 数据模型转化成一个中间的数据格式文件（如 STL 文件）；再对 STL 文件做切片处理，生成具有相同层厚的一层层截面轮廓数据。但是，由于诸如 STL 文件格式的中间数据资料存在不少缺点，因此人们一直在寻求解决途径，在 STL 文件的基础上寻求改进的文件格式，如利用 IGES、STEP 等比较成熟的数据交换标准格式进行三维模型的切片处理或直接从三维 CAD 模型进行切片等。

因此，RP 工艺系统中最关键的技术是从三维 CAD 数据模型到 RP 接口数据转换，其开发与应用是整个快速成型系统的关键环节，转换的效率将直接影响成型制件的尺寸精度、表面粗糙度以及制件的强度和加工时间等。

根据表 5-1 所列的常用三维建模软件与 RP 工艺系统之间的数据接口关键参数转换的设定原则，这些方法输出的 STL 文件能在最大程度上保留原有的信息资料，尽量避免一些不必要的冗余信息资料的出现。

2. RP 工艺软件系统的组成　基于三维 CAD 数据模型的 RP 工艺软件系统一般由以下三个部分组成：三维 CAD 建模软件、数据处理软件和监控软件。

三维 CAD 建模软件主要完成产品模型制件的几何造型、支撑结构的设计以及中间格式文件输出等工作；数据处理软件完成相关数据文件的读入和检验、几何变换、零件排列与合并、实体分层、规划扫描路径、选择成型方向等工作；监控软件完成数据分层信息的输入、快速成型加工工艺参数的合理设定与生成数控代码、控制 RP 工艺系统的实时加工等工作。

RP 工艺系统用软件可以采用三维 CAD 造型系统，但数据处理与监控方面则需采用自己的 RP 工艺系统厂商研发的相关软件。

3. 常用三维 CAD 建模软件（UG、Imageware 等）导入、导出接口文件格式
常用三维 CAD 建模软件（如 UG 软件），其曲面造型功能强大，主要有以下功能：基于点的曲面造型，以数据点为输入；基于曲线的曲面造型，如扫掠特征、截面特征、直纹面等；基于面的自由曲面特征，如延伸或扩大、合并、桥接及倒角曲面等。

表 5-4 列出了 UG 的输入、输出接口常用文件格式。

从表 5-4 中可以看出，UG 软件具有多样的数据交换形式，可直接打开 Imageware 的 *.imw、*.iges 文件，也能直接生成二进制的 STL 文件，提供给快速成型设备进行加工，同时能检查出 STL 文件中存在的一些小错误。

表 5-4　UG 的输入、输出接口常用文件格式

输　入	输　出
Imageware（＊.imw）	GIF 或 TIFF 或 BMP
part（＊.prt）	part（＊.prt）
STL（＊.stl）	STL（＊.stl）
IGES（＊.iges、＊igs）	IGES（＊.igs）
DXF（＊.dxf）	DXF（＊.dxf）
DWG（＊.dwg）	DWG（＊.dwg）

此外，另一常用三维 CAD 建模软件——Imageware 软件，同样也具有强大的输入输出功能，它常见的输入、输出接口形式见表 5-5。

表 5-5　Imageware 的输入、输出接口形式

输入接口形式	输出接口形式
Imageware（＊.imv）	Imageware（＊.imv）
STL ASCII（＊.astl、＊.ast）	STL ASCII（＊.astl、＊.ast）
STL Binary（＊.stl、＊.bst）	STL Binary（＊.stl、＊.bst）
IGES（＊.iges、＊igs）	IGES（＊.iges、igs）
AutoCAD（＊.dxf）	AutoCAD（＊.dxf）
UG/Parasolids（＊.prt）	Wavefront Data（＊.obj）
UG/Parasolids Text（＊.xt）	UG/Parasolids Text（＊.xt）
SLC（＊.slc）	SLC（＊.slc）
CLI（＊.cli）	CLI（＊.cli）

二、RP 工艺系统的数据处理

RP 工艺的数据处理是将前期的三维数字模型、点云或图像等数据资料转换成为 RP 工艺系统所能接受的数据格式文件或者是中间格式文件，针对不同的数据有不同的处理流程。

一般的 RP 工艺系统的数据处理过程主要包括以下几个步骤：三维 CAD 数据的准备、三维 CAD 造型与建模、分层处理、三维 CAD 软件与 RP 工艺系统之间的数据接口的转换、扫描路径的生成等。

RP 的数据处理方法可按工程需求确定其设计思路，可分为正向与反向处理方法。RP 数据的正向处理方法是对三维 CAD 数据建模，把 3D 模型转换为中间接口格式文件，如转换成 STL、DXF、IGES、STEP 等文件；也可直接转换成为 RP 工艺系统接受的层面数据。RP 数据的反向处理方法是采用三坐标测量设备对实物进行三维激光扫描，得到三维点云数据；或通过测量得到计算机断层扫描（CT）、核磁共振（MRI）等图像数据，然后对这些图像数据进行数据处理，再进行数据的分层

处理，从而将图像数据转换为 RP 工艺系统所能接受的层片轮廓数据，最后重构出所需的三维零件模型，以便进行 RP 的快速制造。

若获取的数据为三维点云数据资料，对点云数据可直接进行自适应分层处理。对点云的处理方法，可以利用 NURBS 或 B 样条曲线等进行参数的曲面重构，以获得零件的表面模型；或直接进行三角剖分得到 STL 模型。对表面模型数据，可以通过利用平面与参数曲面求交算法得到其截面轮廓数据，再将其转换为中间格式文件。

总之，为了获得 RP 工艺系统所能接受的数据格式文件，其数据处理方法与种类很多。目前，几乎所有的 CAD 系统都可以直接输出 STL 格式，但是，STL 格式文件自身存在着一些不足之处，因此在一定程度上限制了 RP 工艺技术的推广与应用。

三、RP 工艺分层与参数设定

由于 RP 工艺是按一层层截面轮廓来进行逐层加工与制造的，因此在进行 RP 工艺加工前，必须将三维数据模型沿成型轴的高度方向，每隔一定的、相同的间距进行切片，以获取一层层成型截面的轮廓信息。

RP 工艺在进行切片分层与处理时，两个非常重要的参数是：切片厚度与层切的方向。

1. RP 工艺切片厚度　RP 工艺切片厚度的取值大小，将直接影响到 RP 工艺中原型制件的精度和生产效率。切片厚度越小，在零件表面倾斜引起的台阶效应就越小，则原型制件的精度就越高，但相应的原型制件的成型时间就越长，导致原型制件的制作效率就越低。

因此，在保证成型精度和成型效率的前提下，可采用自适应切层方法，即成型制件的高度依据零件的结构特点进行选择，从而决定切层的厚度。当零件表面某一部分的倾斜度较大时，可选取较小的切层厚度，以减小成型表面的台阶效应，提高原型制件的表面质量。反之，可选取较大的切层厚度，以提高成型制件的加工效率。

2. 自适应切层方法　自适应切层方法目前可分为两种：一种是简单的自适应切层，即沿切层 Z 轴方向的每一个截面都可由单一平面沿着 Z 轴方向截切整个零件获得，切层厚度可根据切层位置、模型表面倾斜度最小处的成型精度等要求确定；另一种是区域自适应切层，即先把三维 CAD 数据模型用 RP 设备所允许的最大层厚进行切分，再把每一切层分成 CIL（Common Interface Layer）区和 ALT（Adaptive Layer Thickness）区。CLI 区位于零件的中心部位，其厚度就是初次切层的厚度；ATL 区位于零件表层，对该部分再进行二次自适应切层，其厚度是由 RP 制件的成型精度及其表面几何性质来决定的。

以上这两种自适应切层方法主要都是针对 RP 工艺中的 FDM 成型工艺进行设计的，可有效地避开成型零件结构上的复杂性。但是，由于在成型材料内部增添了分解截面，因而破坏了材料成型的整体性。

此外，由于这两种分层方法是在同一层的不同部分选取变化的层厚，因 RP 设备误差而造成同一分层位置的高度有可能不同，可能会对最后原型制件的各方面性能（如强度与变形等）产生一定的影响。因此，自适应切层虽然是目前一种较好的切层办法，但是变化的分层厚度必须得到 RP 设备的支持才能进行加工，并且层厚的变化范围空间必须与 RP 设备的限定范围保持一致。

3. 切层方向的合理选择　在 RP 加工与制造过程中，切层方向，即成型时每层的叠加方向，是影响原型制作精度、强度、制作成本、时间以及制作过程中所需设立支撑的多少等的重要因素。

通常情况下，RP 设备在 STL 数据模型中对各个三角形面片进行层切在选择切层方向时，一般不考虑零件上的一些特殊的结构特征，如一些特殊的孔、槽等特征。但是这些结构表面中的三角形面片数量对零件的使用性能有时是极其重要的。

因此，在选择层切方向时，应重点考虑零件上的一些特殊的结构特征，并且还应充分考虑制作原型件的作用及目的。若采用 RP 工艺中的 FDM 工艺制作原型制件，一般情况下，其主要用途是用于外观评价，那么在选择零件的制作方向时，应主要考虑如何保证或提高原型表面的质量。若制作原型制件的目的是用于装配与检验，则应重点考虑装配结构制件的成型精度，而把成型制件的表面质量问题放在次要地位。可在原型制件加工完毕后，再通过相应的后处理工序来改善表面质量。

RP 切层方向的最佳选择原则是基于特征的 RP 制作方向的选择与确定。针对 STL 模型，首先应建立 STL 模型中三角形面片间的拓扑关系；提取出 STL 数据所表达的几何模型中的典型结构特征（针对三维 CAD 数据模型所描述的结构特征，在选择 RP 制作方向时应着重考虑特征的提取）；获取零件的结构特征后，可根据特征直接选定 RP 的制作方向，也可以把结构特征等重要影响因素融入整体优化的模型制作当中，确定出最佳的 RP 切层方向。

四、基于三维 CAD 数据模型的 RP 工艺分层

目前，借助三维 CAD 数据模型进行 RP 工艺分层，克服了中间数据格式带来的一些不足，而且不增加 RP 工艺系统的工艺步骤。它是利用 CAD 软件系统的相关功能，对三维 CAD 数据模型进行截面求交运算，直接在三维 CAD 系统内生成 RP 工艺所需的分层数据，以得到层片厚度和层面轮廓信息。

目前采用三维 CAD 系统直接进行切层处理主要有以下两种方法：

1. 直接使用 CAD 软件的系统功能　使用诸如 I-DEAS 软件，直接对 CAD 模型进行分层，获取 NURBS 轮廓曲线；然后通过 NURBS 的分段处理，获取 RP 工艺系统可接受的分层数据。此工艺分层方法的缺点是：人机交互才能得以实现，操作较为烦琐，效率较为低下。

2. 利用 CAD 软件所提供的二次开发功能　借助 AutoCAD 系统的二次开发语言

用于 RP 切层处理的功能模块，直接形成 CAD 模型的截面轮廓数据。此工艺分层方法的优点是操作简便，效率高。此方法的缺点是 CAD 软件提供的二次开发语言的开销较大，并且 CAD 数值运算能力较为薄弱，从而增加了 RP 数据处理系统的工作量，使 RP 工艺系统的整体效率及稳定性能受到一定的影响。

目前，随着 RP 技术应用的日益广泛，基于 CAD 模型 RP 制造的商用 CAD 软件中增加了面向 RP 的应用模块，以便充分利用 CAD 软件中已有的内核图形处理功能。基于 CAD 模型的 RP 制造将作为整个生产过程中一个重要的工艺环节。

第三节　应用实例

RP 具体的工艺方法是首先将经设计好的三维 CAD 数据模型通过接口转换并传输至 RP 工艺系统；再将其进行分层处理，在 Z 轴方向上切分成一系列的具有相同厚度的薄层；将每一层的几何形状信息转换成控制 RP 设备运行的数控代码；RP设备在根据控制指令进行二维扫描的同时进行原型制件的快速加工与制造；与此同时进行层与层的粘结工作。RP 的具体工艺处理与举例如下。

一、支撑的合理添加

（一）自动设置支撑

RP 工艺能加工任意复杂形状的零件，但其层层堆积的特点决定了原型在成型过程中必须具有支撑（它起到固定原型制件的作用）。有些 RP 工艺中的支撑是快速成型过程中自然产生的，如 LOM 工艺中切碎的纸、3DP 工艺中未粘结的粉末、SLS 工艺中未烧结的材料等都将成为后续加工层的支撑材料。而对于 FDM 工艺、SLA 工艺等，则必须由手动设置添加支撑结构或通过软件自动添加支撑结构，否则，在分层制造过程中，当后加工的截面大于先加工出的截面时，上层截面露出的部分就会由于无支撑结构，且未及时固化而悬浮于空中，严重者会造成局部截面的塌陷或变形，从而影响原型制件的成型精度，更严重者可能会致使原型制件不能成型。因此，为了保证原型制件的悬垂部分能有效固定，在 FDM、SLA 等成型工艺中，需根据工艺参数、特点以及原型制件的外形添加合理的支撑结构，才能使 RP 工艺顺利完成。

支撑按其作用不同分为对零件原型的支撑和基底支撑。图 5-16 所示为基底支撑，它直接添加在工作台上，对所制作的原型制件（人体脊柱尾骨部分）起到支撑作用。它的作用主要有：便于原型制件从工作台上取出；有利于减小或消除翘曲变形。图 5-17 所示为对零件原型制件（显示器内部）的支撑结构。

（二）手动设置支撑

手动添加支撑时，需着重考虑如下几方面因素：

1. 支撑的可去除性　当 RP 原型制件加工制造完毕后，必须将支撑与原型制件分开。若支撑与原型制件粘结过于牢固，有时在去除支撑时会破坏原型制件，从

图 5-16　人体脊柱尾骨部分的基底支撑结构

图 5-17　显示器内部的支撑结构

而降低原型的表面质量。因此，在能保证支撑强度的情况下，支撑与原型结合部分的接触面应尽可能小，如图 5-18 所示。这样的支撑去除容易，而且对原型制件表面质量的影响也很小。

目前，FDM 工艺已研发出水溶性支撑材料，即当 RP 原型制件加工完毕后，将原型制件与支撑结构混合体置于水中，支撑材料遇水溶化，从而可以方便地去除支撑结构而又不损伤工件表面。

2. 支撑的强度和稳定性　支撑是为原型制件提供支撑和定位等的辅助结构，因此支撑结构必须具有一定的强度和稳定性，真正起到对原型制件的支撑作用。若只考虑支撑与原型制件的接触面尽可能小，而忽略支撑的强度，那么连支撑自身都很容易变形，就不可能起到其应有的支撑作用，从而影响原型制件的精度和表面质量。

3. 支撑的加工时间　RP 工艺与传统加工工艺相比，最显著的优势就是高效与快速。但是，支撑的加工也要消耗一定的时间，因此在能够满足支撑作用的情况下，支撑结构应尽可能小，从而减少支撑的加工时间。此外，还可以节省支撑材料。

另外，手动添加支撑结构的方法在 RP 工艺中应用有限，它有以下几个缺点：

（1）支撑的添加易受人为因素的影响，质量难以保证。如图 5-18 所示，在鼠标表面人工添加的支撑结构去除后，鼠标的表面质量难以保证。

（2）支撑添加的质量取决于设备操作，工艺规划时间长。

（3）添加支撑的一些参数若需改变，则需重新添加全部的支撑结构，因此手动添加支撑结构的方法不灵活。

图 5-18　在鼠标表面手动添加支撑结构

二、零件的分割与拼合

当零件的结构复杂、成型制件的尺寸超出成型设备的工作范围时，则需对零件进行分割加工，然后再拼合成一个整体。此种情况下，在快速成型之前，首先要将零件 CAD 模型分割成若干子块，并根据零件的几何特征和组合特点，结合成型设备的工作范围，从整体上进行分块布局，然后确定分割的子块数目。

例如，当加工制作一大尺寸显示器模型并采用单喷头的 FDM 成型机制作原型时，由于其内部结构较复杂，而且尺寸较大，无法一次成型原型制件，并且其内部支撑很难取出，所以在制作前要进行模型的分割。经分割后加工出来的 FDM 模型（显示器）如图 5-19 所示。

图 5-19　经分割后加工出来的 FDM 模型（显示器）

按成型设备的工作空间要求，将该零件分割成 2 块，该零件基本无较大的曲面，制作时不易变形，所以分割时主要考虑尺寸的均匀及拼合的方便。图 5-20 所示为拼合后的显示器整体模型。

图 5-20　拼合后的显示器整体模型

三、快速成型方向的合理选择

在快速成型加工制造中，STL 模型的成型方向，即成型时每层的叠加方向是影响原型制件的精度、制作时间、制作成本、原型的强度、支撑的设置等的重要因素。因此，在快速成型时要选择一个最优的成型方向。其选择依据是：使法向上的水平面最大化；垂直面的数量最大化；使平面内曲线边界的截面数量最大化；使原型制件中孔的轴线平行于加工方向的数量最大化；使悬臂结构的数量最少；使斜面的数量最少。

图 5-21 所示为鼠标的 FDM 原型制件。将鼠标摆放在图 5-21 所示的方位上，所需的支撑结构少，且斜面的数量最少，鼠标的表面质量最佳。因此，此成型方向为鼠标的最佳成型方向。

图 5-21　鼠标的最佳成型方向

RP 工艺是一种离散后再堆积的分层制造技术，快速成型方向的选择是否合理最终影响着成型制件的精度、表面质量、加工时间以及支撑的添加等各项因素。在进行 RP 工艺处理时，须根据成型制件的具体要求进行各方面的综合考虑。若所制作的原型制件的主要目的是为了表现外观，则选择成型方向时应把保证原型制件的表面质量放在首要位置；若所制作的原型制件的目的是用于装配检验，则应考虑装配结构的成型精度，而将表面质量等外观问题留在后处理完成。

四、三维模型的分层处理

RP 工艺由于采用离散后再堆积的分层制造技术，因此不可避免会在原型制件的表面出现阶梯效应，这是影响原型制件表面质量的一个重要因素。图 5-22 所示为鼠标的 FDM 模型，在其表面有明显的阶梯效应。

图 5-22　鼠标表面的阶梯效应

根据快速成型原理，对于同一个原型制件，分层厚度越大，则所需加工的层数越少，加工效率越高。反之，则降低加工效率，但原型制件的表面质量却大有提高。分层的台阶效应对成型制件各种性能的影响主要体现在以下几个方面：

1. 对局部体积的影响　台阶效应会带来原型制件局部体积的变形，尤其是圆角过渡处的体积缺损严重。

2. 对表面精度的影响　对于柱体原型制件，当轴线方向与成型方向一致时，在成型工艺允许的情况下，应尽可能增加分层厚度，这时表面精度不受分层厚度大小的影响。

3. 对零件结构强度的影响　壳体零件（如手机壳）定层厚切片会导致圆角处层与层之间的结合强度下降。如果都采用最小层厚切片，则整个加工时间会成倍增加。

五、三维模型的直接切片

直接切片工艺不需要中间数据文件，而是直接对模型进行切片。直接切片简化了 RP 工艺的操作步骤，并能达到较高的精度。如图 5-23 所示为采用直接切片制成的具有较高精度的 FDM 模型（鼠标模型）。但是其算法与造型方法相关，计算比较复杂，所需时间较长；此外，可能会丢失部分片层之间的 CAD 模型特征；而且，支撑必须在 CAD 系统内创建。因此，直接切片的通用性不好。

图 5-23　采用直接切片制成的 FDM 模型（鼠标模型）

SLC 文件格式就是为对三维 CAD 模型直接进行二维切片而设计的文件格式，但目前这种文件只得到了少数三维 CAD 造型软件的支持。

本 章 小 结

本章对快速成型中的 CAD 模型的数据处理及其处理技术进行了系统分析，包括快速成型技术前期的数据预处理、快速成型技术中期的数据处理以及一些应用实例。

从中可以看出：RP 系统一般都是借助于三维 CAD 造型软件得到物体的三维数据。在三维 CAD 数据处理各个软件中，所采用的数据格式多种多样，即不同的 CAD 系统所采用的数据格式各不相同。同时，不同的快速成型系统采用各自不同的数据格式与文件，这些都会给数据的交换、资源的共享造成一定的障碍。本章给出了重要的 RP 工艺系统与三维 CAD 数据模型相互转换的、最佳的接口格式及转换方式，从而为从事 RP 研究与应用的专业人员提供了快捷的、高效的、三维 CAD 数据导出的最佳方式。

复习思考题

1. 目前常用的快速成型数据转换格式有哪几种？
2. STL 文件是什么类型模型的文件格式？它有哪些特点？
3. 分层方法有哪两大类？分析其优缺点。
4. 添加支撑结构时应考虑哪些方面？
5. 在成型方案优化时，应综合考虑哪些因素？

第六章 快速成型技术的精度

内容提要

RP 技术快速制作的前端信息资料，就是三维 CAD 数据模型，即所有的快速成型方法都是由三维 CAD 数据模型经过切片处理来直接驱动的。三维 CAD 数据模型必须首先处理成快速成型系统所能接受的数据格式，并且在原型制作之前还需进行分层切片处理。因此，在快速工艺实施之前以及原型的制作过程当中，需要进行大量的数据准备、处理、转换等工作，数据的充分准备、有效处理在一定程度上决定着原型制件的效率、质量，甚至成型制件的精度，所以在整个快速工艺的实施过程中，三维 CAD 数据的处理是十分必要和非常重要的。

第一节 快速成型技术前期处理精度

从快速工艺原理得知，快速技术是依据零件的三维 CAD 数据模型或其他数据模型将三维数据模型进行分层处理，并离散成二维的截面数据，然后输送到快速成型系统的过程。将 CAD 系统、逆向工程、CT 或 MRI 获得的三维几何数据进行分层处理，以快速技术所能接受的数据格式进行保存；分层软件通过对三维数据模型的工艺、STL 文件、层片文件等处理，生成各层面信息，最后以快速技术设备能够接受的数据格式输出至相应的快速成型设备进行加工与制作。

快速技术的核心就是将零件的三维 CAD 数据模型经过分层后直接快速制造得到零件的实体原型。其整个具体的制作过程大致可分为快速成型工艺数据模型的前处理、快速成型工艺的中期处理、快速成型制件的后处理三个阶段。下面对快速成型几个关键步骤的成型工艺进行简要分析。

快速成型工艺数据模型的前处理阶段包括：首先建立依据零件的三维 CAD 数据模型；再根据三维 CAD 数据模型，按照一定的转换原则转换成 STL 文件格式后，沿着某一方向（如 Z 轴方向）将 STL 格式文件按相同的厚度进行分层或切片，获得各层截面的轮廓形状。下面对快速成型工艺数据模型的前处理进行详细分析与介绍。

一、三维 CAD 数据模型的建立

三维 CAD 数据的来源如下。

（一）三维 CAD 软件设计出 CAD 数据模型

这是一种最重要、最广泛的数据来源。由三维造型软件生成产品的三维 CAD 实体的或表面的数据模型，然后再对实体模型或表面模型进行分层，得到 RP 工艺

所需的、精确的截面轮廓信息。

目前，三维 CAD 数据建模主要有以下四种方法：应用三维 CAD 设计软件，根据需求设计出三维模型；应用计算机三维设计软件，将已有产品的二维信息资料转换为三维数据模型；仿制或更新换代产品时，可应用反求技术与相关软件获得产品的三维数据模型；利用网络，将异地用户设计好的三维模型直接传输到快速成型系统。

然后将设计好的三维 CAD 实体模型转换为 RP 工艺接受的文件格式（如 STL 文件格式），然后再进行分层，得到 RP 工艺接受的加工路径。图 6-1 所示为产品三维 CAD 数据建模途径。

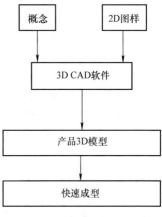

图 6-1　产品三维 CAD 数据建模途径

1. 三维建模的形体表达方法

随着计算机辅助设计技术的飞速发展，出现了许多三维建模的形体表达方法，目前常见的有以下几种：

（1）B-Rep 法（Boundary Representation，边界表达法）。B-Rep 法是根据顶点、边和面所构成的表面来精确地描述三维实体模型的，其优点是能快速地绘制出立体或线框模型；缺点是由于其数据是以表格的形式出现的，因此空间的占用量较大，描述不一定是唯一的，所得到的实体有时不很精确，有可能会出现错误的孔洞和颠倒现象。

（2）CSG 法（Constructive Solid Geometry，构造实体几何法）。CSG 法又称为 BBG（Building-Block Geometry，积木块几何法），这种方法采用的是布尔运算法则，将一些较简单的如立方体、圆柱体等体元进行组合，得到复杂形状的三维实体模型。其最大优点是数据结构简单，无冗余的几何信息，实体模型也较真实有效，且可以随时修改；缺点是该实体算法很有限，构成图形的计算量较大而且费时。

（3）CR 法（Cell Representation，单元表达法）。单元表达法最初来源于如有限元分析等分析软件。典型的单元形式有正方形、三角形以及多边形等。在快速成型技术中所采用的近似三角形格式的 STL 文件就是单元表达法在三维模型表面的一种具体应用形式。

（4）PR 法（Parametric Representation，参数表达法）。对于一些难以用传统的单元来进行描述的自由曲面，可选用参量的 PR 表达法。PR 表达法是借助样条 B（NURBS）、贝塞尔（Bezier）等参数化样条曲线来描述自由曲面的，每一个点的 X、Y、Z 坐标都是以参数化的形式来呈现的。其中较好的 PR 法是 B 样条（NURBS）法，它能较好地表达出任一复杂的自由曲面，准确地描述体元，并能局部地修改曲率。

以上各种三维建模的形体表达方法的最大差别就在于其对曲线的控制能力，即建立几何模型、局部修改曲线而又不影响相邻曲线信息的能力。目前，CAD 系统常常综合 CSG 法、B-Rep 法和 PR 法等各方法的优点并进行组合表达。

2. 常用三维 CAD 软件

用于构造三维模型的计算机辅助设计软件应有较强的三维造型功能，即实体造型（Solid Modeling）和表面造型（Surface Modeling）功能，后者对构造复杂的自由曲面有着重要的作用。

常用三维建模软件种类及特点已在第五章详细论述，目前用得最多的是 Pro/E 软件，由于此软件具有强大的实体造型和表面造型功能，可以构造任意复杂的模型，因此被广泛使用。

（1）Pro/E 软件。Pro/E 是美国参数技术公司（Parametric Technology Corporation，PTC）研发的一个非常成功的建模软件。Pro/E 软件彻底改变了机械 CAD、CAM 等传统观念，采用参数化、数字化特征进行产品的三维建模，目前它已成为当今世界机械领域的新标准。利用 Pro/E 软件进行产品的建模设计，能将设计至生产全过程进行有机地集成，让所有用户都同时参与进行同一产品的设计与制造工作。

Pro/E 软件的最大特点是：一是真正的全相关性，在任一设计阶段所做的修改都会自动反映到所有相关联的地方；二是真正的管理开发进程，可实现并行工程；三是能始终保持设计者的设计意图，具有极强大的装配功能；四是易于使用和掌握，有效地提高设计效率。

Pro/E 软件建模的基本功能如下：生成草绘特征；生成参考基准点、线、面、曲线、坐标系；删除、修改、压缩重定义特征；通过向系列表中增加尺寸，以生成表驱动零件特征；通过生成零件尺寸和参数的关系获得所需的设计示意图；产生零件所需的工程信息，包括零件的质量特征、相交截面模型以及参考尺寸；在模型上生成几何拓扑关系。此外，还可以通过 Pro/E 软件的 Per/Feature 增加一些新的功能。

图 6-2 所示为采用 Pro/E 软件进行的手机外上壳的三维建模图形。图 6-3 与图 6-4 所示分别为根据 Pro/E 软件完成的手机建模图形，借助 RP 的 LOM 设备、FDM 设备制作的手机草模型。

（2）UG（Unigraphics）软件。除了 Pro/E 软件外，UG 也是应用较为广泛的三维设计软件之一。在 UG 软件中，参数化和变量化技术与传统的实体、线框等功能恰当地结合在一起，为用户提供了一个全新的产品建模系统，目前已被大多数 CAD/CAM 软件厂商及广大用户所采用，目前它也是 Unigraphics Solutions 公司的主要 CAD 产品。

在 20 世纪 90 年代，美国通用汽车公司就已选中 UG 软件作为其公司的 CAD、

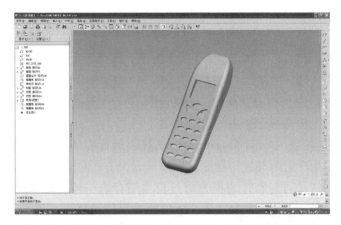

图 6-2　采用 Pro/E 软件进行的手机外上壳的三维建模图形

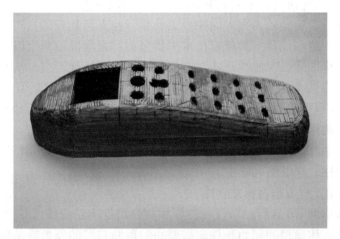

图 6-3　借助 RP 的 LOM 设备制作的手机外上壳

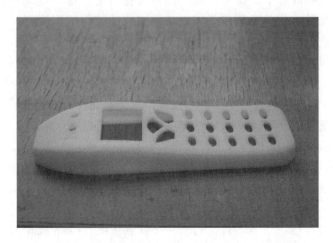

图 6-4　借助 RP 的 FDM 设备制作的手机外上壳

CAM 主导系统，从而进一步推动了 UG 软件的发展。UG 软件建模模块的主要功能如下：

1) 建模特征（Features Modeling）。该模块支持建立和编辑各种标准的设计特征，如球体、圆柱体、圆锥体、管与孔、凸台、槽型腔以及圆角和倒角等，也可自如地将实体挖空成空心薄壁件等。该建模特征大大提高了设计表达的层次，设计信息也可以用工程特征术语进行定义与描述。

2) 实体建模模块（Solid Modeling）。该模块运行在图表菜单界面下，界面表达友好，极便于用户访问和进行操作。该模块是 UG 下面的 Features 和 Freeform 等模块的基础。它将几何与特征建模方法有机地结合成一体，几乎成为当今业界最强有力的建模工具，可以在此模块下，可以非常方便地建立二维和三维线框模型、扫描和旋转实体模型，并对其进行一些布尔运算以及参数化编辑。

3) 自由曲面建模（Freeform Modeling）。该模块可将实体和表面建模技术加以合并，构建成一个功能较为强大的建模工具组，并支持复杂的自由曲面造型，如大型工业产品的造型设计。其建模技术主要包括：光滑桥接两个以上物体之间间隙的曲面、用标准的二次曲线法建立二次曲面体、建立圆形或二次截面等。对自由曲面模型编辑的方法有：变截面扫描、修改已定义的曲线以及改变参数值等。此外，RE 技术也可借助该模块，建立起通过点云来拟合所需三维模型的外形，或可通过曲线上的网格点来定义三维模型的外形。

此外，有关其他常用三维 CAD 软件的种类、建模特点及应用情况已在第四章中进行详细论述，这里不再赘述。

（二）逆向工程数据及相关软件

目前有些借助 RE 进行创新设计的原始信息可能不是三维 CAD 数据模型，而是某些产品的实体模型或原始样件，需要我们借助它们的外形或结构进行仿制或创新设计。在这种情形下，就需要我们针对实物借助三维测量设备，对已有零件或样件进行三维数字化的反求工作，以获取实物的三维数据资料，得到所需零件或样件的三维点云资料；然后，借助反求相关软件，如 Surfacer 等软件，将这些点云数据资料进行数据预处理与处理、曲线的修改与编辑、曲面的创建与修改、三维实体模型的重构与创新设计等；最后，将重设计的点云数据进行三角网格化，生成如 STL 等 RP 工艺与技术默认的数据接口与转换文件，进行分层数据的处理或对点云数据直接分层处理，获得 RP 工艺所能接受的加工路径。

图 6-5 所示为采用 RE 技术进行数据采集的流程。

RE 技术的最大优点是快速、准确地获取实物或样件的三维几何数据资料。常见的实物的三维几何形状数据资料获取的方法可分为非接触式和接触式测量两大类，测量系统一般采用声、机、电等测量方式。目前，较常用的三维扫描设备有激光三维扫描机（Laser Scanner，LS）、三坐标测量机（Coordinate Measurement Machine，CMM）、断层扫描机（Cross Section Scanner，CSS）等。

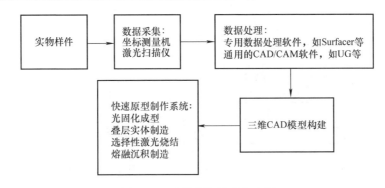

图 6-5　RE 技术数据采集流程

　　图 6-6 所示为激光三维扫描设备进行扫描工作时的照片；图 6-7 所示为经扫描设备获得的最初的鼠标原始点云数据资料；图 6-8 所示为借助 Surfacer 等软件进行点云数据资料的预处理后得到的精简的鼠标点云数据资料；图 6-9 所示为断层扫描设备采用逐层光扫描与逐层切削结合的方法，对待测零件进行表面和内部结构几何信息采集的示意图。

图 6-6　激光三维扫描设备　　　　图 6-7　经扫描设备获得的最初的
进行扫描工作　　　　　　　　　　鼠标原始点云数据资料

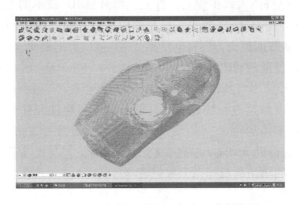

图 6-8　预处理后得到的鼠标点云数据资料

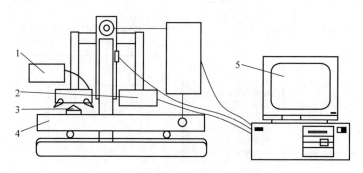

图6-9　零件断层扫描件的示意图

1—切削清除装置　2—光学系统　3—待测零件　4—工作台　5—计算机

目前，借助逆向工程获取三维数据的技术已广泛应用于模具、汽车、航空等许多领域，尤其是在工业设计以及制造领域，RE 技术特别适用于对已有物体或模型的参照再设计（即创新设计），通过对实物的测量构造物体的几何模型，进而根据物体的具体功能进行改进和再设计与快速制造。

此外，RE 技术的相关后处理软件（如 Surfacer 软件）给通过 RE 技术获取的原始点云数据提供了一个很好的后处理平台。如 Surfacer 软件是美国 Imageware 公司成功开发的用于处理三维离散数据的软件。

Surfacer 软件主要接受来自三坐标测量机、激光三维扫描仪等设备的数据资料，接受的文件格式也较为广泛，一般的三维点云数据资料都可以进行处理与编辑。Surfacer 软件具有强有力的点处理功能，如可进行切片、自动分割、用特征线描述截面以及镜像和缩放等，便于用户随时随地分析、过滤、抽取和分割随机的三维点云数据，从而为三维点云数据与计算机辅助几何设计的连接提供了完善的软件环境。另外，它还提供基于 B 样条曲线和表面建模的环境，可实行自动对点群进行曲线或曲面的拟合。

应用 Surfacer 软件的大致步骤是：首先，将来自 RE 技术的三维测量数据进行三维点云的预处理，再对其复杂的曲线和曲面进行分析、编辑与再设计，然后将其建构成三维 CAD 数据模型，再将其转换成 RP 接口数据格式，最后借助 RP 工艺系统进行三维实体模型的输出。

因此，借助 RE 技术与其相关软件，不仅能快速得到需进行改进设计物体的三维数据模型，还可以对其进行快速修改、创新设计与快速制作，从而得到一个所需的、全新的三维实体制件。

图6-10 所示为借助 Surfacer 软件，将三维扫描工艺与设备获取的三维点云进行预处理后所获得的精简的鼠标点云数据资料。

（三）医学数据

通过 CT 扫描或核磁共振（MRI）等技术，可直接获取人体的三维数据资料，

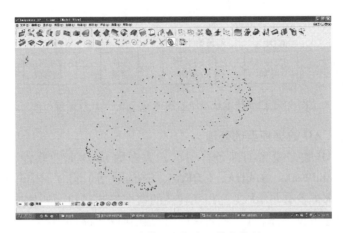

图 6-10　精简的鼠标点云数据资料

此三维数据资料包含人体表面和内部的数据资料。这种数据需经过三维 CAD 模型的分层、重构等数据处理后，才能进行快速成型加工。

目前，CT 扫描除了广泛应用于医疗诊断、假体设计外，在工业检测等三维数字化资料获取方面的应用也较广泛。图 6-11 所示为当前最先进的、螺旋式 CT 扫描（Spiral CT Scanning）的原理示意图。当人体借助这种扫描设备进行扫描时，只需人体连续地向前慢慢移动一定的切片层厚（1~2mm），那么装在门架上的 X 射线管和检测系统就会围绕人体进行连续转动并采集数据。

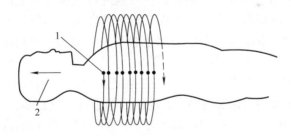

图 6-11　螺旋式 CT 扫描的原理示意图
1—连续转动　2—向前移动

由于 CT 扫描得到的原始数据一般情况下都是呈二维截面 CT 图像格式，并且每一幅 CT 图像都包含被测物的内、外部结构，以及其截面的几何信息，因此为了将 CT 扫描的数据转化成三维 CAD 数据模型，首先需采用图像分割算法，从 CT 图像中提取出所需的二维几何信息，然后将这些二维轮廓随转换成具有一定扫描切片层厚的三维原始 CT 轮廓，再用高级轮廓分割算法提取出各个表面的 CT 轮廓进行表面拟合，形成三维 CAD 表面模型，接着进行修改与再设计，得到最终所需的三维实体模型。图 6-12 所示为采用 CT 扫描技术获得所需物体的三维 CAD 数据模型的主要步骤。

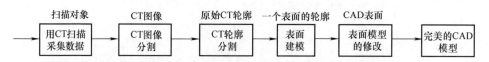

图 6-12　采用 CT 扫描技术获得所需物体的三维 CAD 数据模型的主要步骤

二、三维 CAD 数据模型的处理

1. 三维 CAD 数据模型的准备　目前，大多数 CAD 商业软件（如 AutoCAD、UG、Pro/E、SolidWorks、CATIA、I-DEAS、Surfacer 等）除了具有较强的三维实体造型功能外，都配备有与 RP 工艺相互转换的数据格式接口，所生成的数据模型都可直接输入快速成型系统。RP 工艺系统只有在接受产品的三维 CAD 数据模型后，才能进行分层以及切片等后续的快速加工与制造。

2. 三维 CAD 数据模型的近似处理　在日常的产品设计中，所需设计的产品或模型上经常会存在一些不规则的自由曲面。在将其进行切片处理前，必须对其进行一些近似的处理，才能获得 RP 工艺认可的二维截面轮廓信息。目前，在 RP 工艺系统中，常常采用对数据模型曲面进行三角划分，将三维 CAD 数据模型转换成为 STL 格式文件的方法。在数据格式转换的过程中，不可避免地会出现一些错误，因此有必要对数据模型进行一些局部修改与编辑工作。

3. 三维 CAD 数据模型的切片处理　RP 工艺技术是依据数据模型的二维截面轮廓信息进行逐层加工制作的。因此，在对其进行快速加工之前，必须沿成型的高度或厚度方向，依据最终产品的表面质量，选择间隔相等的层厚，将三维数据模型进行切片处理，以便将三维 CAD 数据模型离散成为一系列厚度相等的二维层片，为后续的 RP 工艺加工与制作做好准备。

4. 截面轮廓的逐层堆积加工　RP 工艺系统在计算机的控制下，系统中的成型头机构在工作台平面内依据二维输入的层面数据进行二维扫描，并逐层堆积叠加，得到堆积的具有相同层厚的一层层截面轮廓。当一层截面轮廓成型后，快速成型设备的工作台面就下降一个事先设定好的层厚高度，然后将下一层原型材料送至刚刚成型的轮廓表面上，再进行新一层的截面轮廓的堆积成型工作；同时与上一层截面相粘合，如此循环往复进行层层堆积与粘合工作，最终加工出所需的三维产品原型制件。

三、三维 CAD 数据模型的 STL 格式化

一般情况下，所需设计与加工的产品往往有一些不规则的自由曲面，为了便于获得曲面上每个部位的具体坐标信息，在进行 RP 加工前必须对其进行近似处理，将其转换成为 STL 格式文件。它是目前快速成型系统中最常见的一种文件格式，用于将三维模型近似成小三角形平面的组合。图 6-13 所示为鼠标三角形 STL 格式化后的情形。目前，一般的 CAD 三维设计软件都有转换和输出 STL 格式文件

的接口，但有时输出的三角形会有少量错误，需要进行局部的编辑与修改工作。

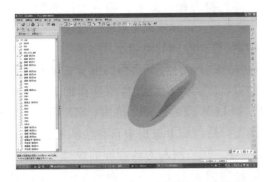

图 6-13 用 STL 格式显示的鼠标三维模型

从图 6-13 中所示与加工过程中可以看出，近似精度要求越高，所选取的三角形数量也就越多，从而造成计算机的存储容量过大，数据处理时间过长，相应的 RP 工艺所需的加工时间也会延长，因此若成型制件的精度与表面质量要求不高，可选用较少的三角形平面进行实体的组合。

第二节　快速成型技术中期处理精度

快速成型技术的中期处理阶段包括以下几方面内容：对读入数据文件的工艺处理、三维模型的分层处理、成型方向的选择、层片扫描路径的合理生成等。为了提高模型制件的成型精度及表面质量，减少加工时间，以便保证成型过程的顺利实现，必须进行 RP 工艺的合理规划与布局零件。

一、三维 CAD 数据文件的技术处理

（一）零件分割拼合

当零件的结构复杂，成型制件内部支撑结构无法去除或成型零件的尺寸太大超出快速成型设备的工作范围时，在快速成型之前必须先对零件的三维 CAD 数据模型进行数据的分割，即将零件 CAD 模型分割成若干块。最好是从整体上进行分块布局，具体根据零件的几何特征和组合特点，并结合快速成型设备的工作范围确定分割块的数目，待每一块都快速加工完毕后，再组装成一个整体模型。

图 6-14 所示为分块并进行组装的显示器 FDM 草模型。采用 FDM 成型设备制作原型时，由于显示器的内部结构较复杂，完成 FDM 快速成型后，原型制件的内部支撑很难取出，因此在制作前要进行模型的分

图 6-14　显示器 FDM 草模型

割，待成型结束将各块再组合在一起。各子块型变形量很小，拼合及后固化都很顺利，面板各尺寸和表面均符合精度要求，而且表面光顺性很好，粘结好后无明显拼接痕迹。

（二）模型制件支撑的合理设计与去除

RP 技术在加工一些特殊形面，尤其是特殊曲面的零件时，在进行层层堆积的成型过程中有时必须要设计支撑结构，其目的是在加工过程中固定模型制件。在有些快速成型技术中，如 LOM 技术、3DP 技术、SLS 技术等，都可以自动地为后续层形成支撑结构，其支撑是在加工过程中自动生成的。而另一些快速成型技术，如 FDM 技术、SLA 技术等，就必须人为地合理的设计与添加支撑结构，否则在快速成型过程中，当上层截面面积大于下层截面面积时，上层截面中多出来的部分材料会由于无支撑结构悬浮在空中，有时可能会出现多出的截面部分发生塌陷或变形现象，从而最终影响原型制件的成型精度。因此，为了固定模型中的悬垂部分结构，需根据 RP 技术各自的特点和工艺参数，进行支撑的合理设计与添加，才能使这些快速成型工艺顺利进行。

图 6-15 所示为采用 RP 技术中的 FDM 工艺设备制作的浇花用杯子，在其把手与杯口处，都设计与制作了支撑结构。设计与制作支撑结构时需考虑如下因素：

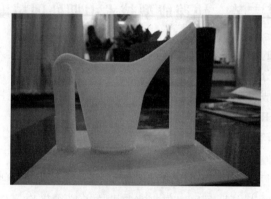

图 6-15　浇花用杯子与其支撑结构

1. 易于去除支撑　当 RP 原型加工完后，就需将支撑与模型分离开来。若原型制件与支撑结构粘结过紧，在支撑的去除时就有可能影响或损坏原型制件的表面，从而影响到原型制件的表面质量与成型精度。通常情况下，支撑结构与原型制件的结合部分要尽可能的小，这样较容易去除。因此，在能保证模型制件支撑的情况下，应尽可能地设计较小的支撑结构以便易于去除。目前，有些 FDM 技术能采用水溶性支撑材料，即待模型成型完毕后，将含有支撑结构的原型制件置于水或其他溶剂中，支撑材料可以自我溶解，因而支撑结构就被方便地去除了。

2. 缩短支撑结构的加工时间　目前，RP 技术相比传统加工技术的优势之一就是成型的速度快，若其支撑加工要消耗很长的时间，那么 RP 制件的成型时间就要相应延长。因此，在满足支撑作用和强度的情况下，应尽可能设计较小的支撑结构或加大支撑扫描的间距，这样不但能减少支撑的成型时间，还可以节约成型用的支撑材料。

现在，有些 FDM 技术采用双喷头成型机，即一个喷头喷出的丝束是用来加工模型制件，另一个喷头喷出的丝束用来加工支撑材料，但缺点是两个喷头不能同时工作。若设计成两个喷头同时工作的话，则基本能省去支撑结构的制作时间。

3. 提高支撑的强度和稳定性　在设计支撑结构时，不但要考虑支撑的易于去除、缩短支撑结构的加工时间，还要考虑支撑结构是否能满足原型制件的稳定性，即支撑必须要保证有足够的强度和稳定性。若支撑的强度不足以支撑原型制件，则很可能会造成制件的坍塌变形，从而会影响到原型制件的精度和表面质量。

二、三维模型的分层处理

由快速成型过程可知，RP 的成型过程就是将具有相同厚度的一层层二维截面逐层堆积叠加，最终形成一个三维实体产品或模型。图 6-16 所示为一个经表面三角网格化后的三维球体模型。图 6-17a 和图 6-17b 所示分别为球体在分层处理前后沿着高度方向进行剖切的剖面图形。从图 6-18 所示的球体快速成型制件中可以看出，原型制件在进行RP 加工完毕后，表面会出现类似缩小了的梯形台阶，即阶梯效应，这种阶梯效应会直接影响到成型制件的表面质量，若成型制件的分层处理不当，有时会影响到成型制件的结构强度。

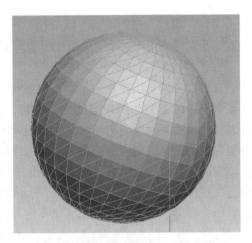

图 6-16　三角网格化后的三维球体模型

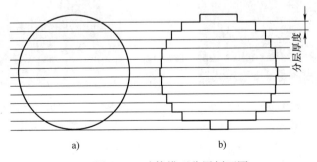

a)　　　　　　　　　　　　　b)

图 6-17　球体模型分层剖面图

a）分层前的剖面图　b）分层后的剖面图

图 6-18　球体的快速成型制件（PVC 材质）

　　因此，如何合理地设置支撑结构，是 RP 技术较为重要的工艺内容之一。以下几方面为在进行 RP 支撑结构设计时需考虑的内容。

（一）分层厚度的合理设定

　　二维层片的分层厚度越小，精度就越高，分层所造成的阶梯效应就越不明显，但模型制作的成型时间相应地也会越长。因此，分层厚度的选取原则，可根据产品制件最终的表面质量与精度、制作效率等多方面因素综合考虑，当前，RP 技术分层层厚的设定范围一般都在 0.05 ~ 0.5mm 之间进行选择，这就需要设计者根据具体情况，结合上述因素进行多方面因素综合考虑。图 6-19、图 6-20 所示为鼠标模型在选择层厚分别为 0.3mm、0.15mm 时制作的 FDM 模型。从以下两图中也可以看出，层厚越小，台阶现象就越不明显，但加工制作时间几乎增加一倍。

图 6-19　层厚为 0.3mm 时的
鼠标 FDM 模型

图 6-20　层厚为 0.15mm 时的
鼠标 FDM 模型

（二）分层方向的合理选择

　　经研究 RP 各种技术得知，在 RP 技术的成型过程中，只有那些与分层方向平行的零件表面才不会出现阶梯效应。因此，在选择分层方向时，应将一些极为重要的、精度要求高的成型表面放置在与分层切片方向平行的方向上，而将那些不重要的零件表面放置在与分层切片方向垂直的方向上。

在图 6-21a 中，倘若需要成型制件的 A、B 表面的质量与尺寸精度大大提高，可将模型逆时针旋转至 A、B 表面为水平方向，如图 6-21b 所示。这样加工出来的模型保证了 A、B 表面的质量与尺寸精度，但其他表面特征的精度就会相对下降。

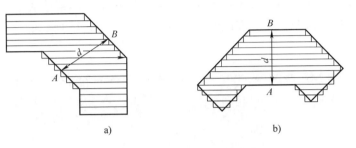

图 6-21　A、B 表面的摆放原则

a) A、B 表面随意摆放　b) A、B 表面水平摆放

（三）自定义分层的设想与应用

目前，几乎所有的 RP 技术系统都采用等厚的切片分层方法，这种分层方式较为死板，若能根据所需设计的产品模型的外观几何特征来决定切片分层的层厚，即在产品外形要求成型精度高的部位采用较小的切片分层厚度，以减少阶梯效应，保证成型制件的表面精度，而在产品外形要求成型精度不高的部位采用较大的切片分层厚度，这样能有效地缩短成型时间而又能保证成型制件的成型精度要求。图 6-22 所示为球体的两种分层方法。在球体的上顶部位采用定义分层方法，可保证球体顶部的表面精度与表面质量。

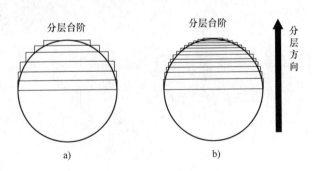

图 6-22　球体的两种分层方法

a) 等厚分层　b) 自定义分层

三、成型方向的合理选择

将模型的三维数据资料转换成为 RP 技术接受的格式文件，输入快速成型设备后，下面较为重要的工作就是选择模型的合理成型方向，因为不同的成型方向会对产品的尺寸精度、表面粗糙度、产品的制作时间甚至是强度等因素产生较大的

影响。合理选择模型的成型方向能有效改善模型表面精度与成型质量。

以快速成型技术中的 FDM 技术为例,通过多次对 FDM 技术的实验研究,成型方向的选取可遵循以下几项原则:

(1) 一般情况下,把最重要的成型表面置为上表面。图 6-23 所示为显示器的 STL 格式资料,在进行 RP 技术成型时,若要保证显示器屏幕的成型精度与表面质量,就须将其按照图 6-24 的方位摆放,而不是按照图 6-23 所示的位置随意摆放显示器。

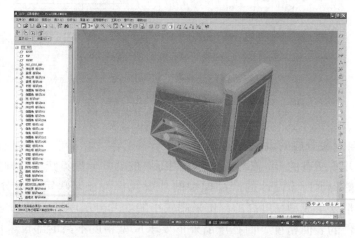

图 6-23　显示器成型位置的随意成型方向

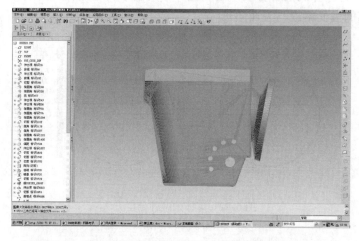

图 6-24　保证屏幕成型精度的显示器位置正确成型方向

(2) 表面质量要求高的成型面摆放原则:上表面成型质量优于下表面,水平面优于垂直面,垂直面优于斜面;水平方向的成型精度优于垂直方向;水平面上的圆孔、立柱质量及精度优于垂直面上的圆孔与立柱质量及精度。

（3）若有强度方面要求的模型，应选择强度要求高的方向为水平方向。经实验和检验，水平方向的强度高于垂直方向的强度。

（4）若有较小直径的立柱、内孔等模型特征，则尽量选择垂直方向成型。

四、快速成型工艺参数的合理设置

快速成型的参数较为复杂，各参数之间又互相制约，若设置的不恰当，会对模型的成型速度和表面质量产生很大影响。下面以 FDM 成型技术为例，介绍几个主要参数在快速成型过程中的选择原则。

（一）轮廓线宽

层片上轮廓的扫描线宽度。成型过程中，丝束在经过小孔挤出时，从喷嘴喷出的丝具有一定的宽度，即在出口区域存在"膨化现象"，从而造成填充轮廓路径时的实际轮廓线超出理论轮廓线一些区域。在实际工艺过程中挤出丝的形状、尺寸受到喷嘴直径（d）、分层厚度（δ）、挤出速度（v_e）、扫描速度（v_f）等诸多因素的影响。如果不考虑材料的收缩因素，则挤出丝的丝宽 W 为

$$W = (v_e \pi d^2)/(4v_f \delta)$$

由上式可见，如果扫描速度（v_f）不变，则随着挤出速度（v_e）增大，丝宽 W 逐渐增大。而当挤出速度大到一定程度时，挤出丝就会黏附于喷嘴的外表面，从而造成不能正常进行出丝加工。这就是我们在前面提到的扫描速度要与挤出速度相匹配的原则。同时，挤出丝的丝宽 W 应根据成型件的成型质量进行调整，根据经验，一般设置为喷嘴直径的 1.3 ~ 1.6 倍。

（二）扫描次数

扫描次数为层片轮廓的扫描次数。后一次扫描轮廓沿前一次扫描轮廓向内偏移一个轮廓线宽。因此，若成型件不需再做如打磨之类的后处理，可以降低扫描次数为 1 次，这样能大大提高模型的成型速度。

（三）水平角度

水平角度为设定能够进行孔隙填充的表面的最小角度（表面与水平面的最小角度）。当层片与水平面角度大于该值时，可以孔隙填充；小于该值时，则按填充线宽进行标准填充（以保证表面密实无缝隙）。水平角度的值越小，标准填充的面积就越小，但若过小的话会在某些表面形成孔隙，影响成型件的表面质量。根据多次实验结果，水平角度一般设为 45° 左右。

（四）扫描路径与填充路径的合理选择

对二维轮廓扫描的目的是为了获得较好的表面精度，轮廓扫描路径是通过喷丝宽度、轮廓偏置补偿激光光斑等生成的。图 6-25 所示为经 RP 技术处理，零件三维模型分层处理后得到的某一二维截面轮廓。每层片截面轮廓的扫描路径包括填充扫描以及轮廓扫描，因此生成的轮廓扫描路径有可能会发生相交的现象。此时若不进行有效处理，就有可能生成错误的加工路径，或无法生成填充扫描路径，最终会严重影响零件整体外形的成型质量。

在快速成型过程中，喷头常用填充路径的方式主要有单向扫描、多向扫描、十字网格扫描、沿截面轮廓偏置扫描、Z字形扫描等，如图6-26所示。在模型的实际加工当中，应综合考虑各方面因素，恰当地选择填充路径的方式。

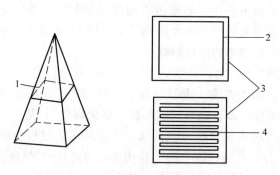

图6-25　截面轮廓的加工路径
1—分层平面　2—轮廓扫描　3—截面轮廓　4—填充扫描

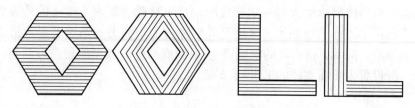

图6-26　常用的几种填充路径形式

（五）填充间隔

填充间隔对成型速度也有着很大的影响。对于壁厚的成型件，为提高成型速度，可在其内部采用孔隙填充的方法，即相邻填充线之间有一定的间隔。对于壁薄的成型件，只能采取无间隔填充线进行填充，以保证所制作的模型具有一定的强度。

（六）支撑间隔

为提高加工速度而又不影响表面质量，在距离产品模型较远的支撑部分，可采用孔隙填充的方式，这样做的同时也减少了支撑材料的过多使用。支撑间隔的经验值一般选为4mm。

（七）表面层数

表面层数为支撑的表面层数。为使成型件具有较高的成型表面质量，需采用标准填充，也即将表面层数设定为进行标准填充的层数，一般为2~4层。

根据以上几个主要参数的选择依据，将制作按钮的各个参数合理地进行选择，如图6-27所示。图6-28所示为最终制作出的、较为光滑的按钮模型。

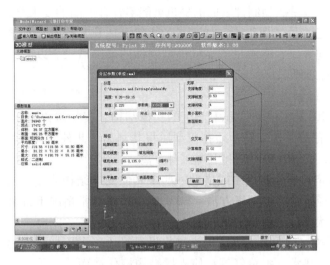

图 6-27　制作按钮的各主要参数的合理选择

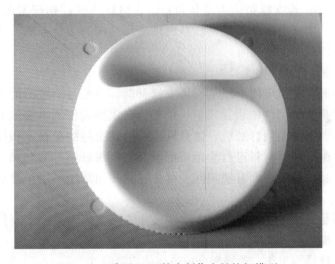

图 6-28　采用 FDM 技术制作出的按钮模型

第三节　快速成型制件的后处理及表面精度

一、快速成型制件的后处理

通常情况下，经过 RP 技术加工好的成型制件从快速成型设备上取下来之后，有可能出现制件的某些尺寸、外形还不够精确，表面不够光滑，或曲面上存在因切片分层制造时引起的表面小台阶现象，有些制件的薄壁或某些微小特征结构的强度、刚度不能满足需求，或是制件的耐温性、耐湿性、耐磨性以及表面硬度等指标不能达标，或是成型制件表面的颜色可能不符合产品的要求等，都需将 RP 原型制件经过一定的后处理工艺，如支撑的去除、固化、修补、打磨、抛光和表面涂覆等强化处理等，才能满足产品或模型制件的最终需求。以下为目前较为常用的 RP 制件的后处理。

（一）废料的剥离

剥离是将 RP 技术成型过程中产生的支撑结构、废料与原型制件分离。例如，LOM 成型工艺有网格状废料，须在成型后将其剥离。此外，SLA、FDM 等成型技术有支撑结构，必须在成型后将其与工件分离。

1. 手工剥离　操作者用手或借助一些工具使支撑结构或废料与工件分离。这是最常用、最经济的一种剥离方法。LOM 成型技术通常情况下都采用此种方法进行工件与网格状废料的剥离工作。

2. 加热剥离　只有当支撑结构为蜡状材料时才能采用加热剥离的方式进行废料的去除，或用热水、水蒸气等，使支撑结构熔化从而与工件分离。这种方法的优点是剥离效率高，并且成型制件的表面较清洁。

3. 化学剥离　若支撑结构为蜡状材料，在保证不会损伤成型制件的情况下，可采用某种化学溶液溶解支撑结构，从而使支撑结构与工件分离。这种方法的剥离效率高，工件表面也较清洁。

（二）修补、打磨和抛光

当工件表面有较明显的小缺陷而需要修补时，可通过小范围的修补、打磨和抛光工艺来提高成型制件的表面质量。例如，在成型制件的小缺陷处，借助一些小电动工具、砂纸、小型打磨机、抛光机，采用乳胶与细粉料调和而成的腻子或热熔性塑料、湿石膏等材料进行小范围的填补，再用砂纸打磨与抛光。若成型制件为纸质的产品，当其表面有缺损时，可先在其表面涂覆一层增强剂，再进行打磨或抛光。

此外，当受到快速成型设备最大成型尺寸的限制而无法加工制作大型成型制件时，可将大模型划分为多个小模型，待所有的部位都加工完毕后，再进行修补、打磨、抛光和粘结等工作，最终组合成整体的成型制件。

（三）表面涂覆

如图 6-29 所示，快速成型制件目前常用的涂覆方法有如下 5 种：

1. 喷刷涂料　如图 6-29a 所示，常用的喷刷涂料有液态金属、反应型液态塑料和油漆等，在快速成型制件表面可以喷刷多种涂料。

其中，液态金属在室温下呈液态或半液态，它是一种金属粉末与环氧树脂的混合物，加入固化剂后能迅速固化，其抗压强度最高可达 80MPa。成型制件表面喷涂液态金属后会有金属光泽和较好的耐温性。反应型液态塑料是一种双组分液体，其中一种组分是液态多元醇树脂，另一种组分是固化剂（一般为液态异氰酸酯），它们在室温下按一定比例混合，产生化学反应后能迅速凝固成胶状，最后固化成

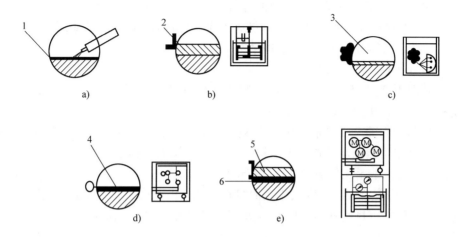

图 6-29　快速成型制件表面喷刷的多种涂料
1—涂料层　2—电化学沉积层　3—无电化学沉积层　4—物理蒸发沉积层
5—电化学沉积层　6—物理蒸发沉积层或无电化学沉积层

聚氨酯塑料。采用此种材料涂覆的最大优点是成型制件表面具有光亮的塑料硬壳，强度、刚度较高，并具有防潮能力。此外，油漆由于经济与使用方便，并且有较好的附着力和防潮能力，因此使用也较为广泛。

2. 电化学沉积　如图 6-29b 所示，采用电化学沉积（有时也称电镀）能在快速成型表面进行涂覆沉积，材料可选用的种类较多，如金、银、镍、铜、铬、锌、锡、铅、铂等或合金，涂覆层的厚度可达几毫米，并且沉积效率也较高。目前，大多数快速成型制件不导电，所以在进行电化学沉积之前，需先在成型制件表面喷涂一层导电漆。另外，此方法不太适用于含有多处深或窄的槽或孔的成型制件的加工。

3. 无电化学沉积　如图 6-29c 所示，无电化学沉积（也称无电电镀）通过化学反应形成涂覆层，它能在制件的表面涂覆金、银、铜、锡及合金。在进行无电化学沉积之前，须先将成型制件表面用碱水清洗及清水漂洗，再使用电解液涂覆其表面一定时间后方可进行无电化学沉积工艺。

虽然此工艺较为烦琐，但与电化学沉积相比，无电化学沉积有如下优点：沉积层较致密；不需通电；能直接对非电导 RP 制件进行沉积；对外形较复杂的 RP 制件进行沉积时，能获得较均匀的沉积层；经无电化学沉积后的制件具有较好的化学性能、力学性能或磁等特性。

4. 物理蒸发沉积　如图 6-29d 所示，物理蒸发沉积能在真空室内进行，目前主要有以下三种方式：电弧蒸发，属于高粒子能量，它包括阴极电弧蒸发和阳极电弧蒸发；溅射，属于中等粒子能量；热蒸发，属于低粒子能量。粒子的能量越高，涂覆时的粘合性就越好，但是需涂覆制件的表面温度也会越高。

5. 电化学沉积和物理蒸发沉积的综合　如图 6-29e 所示，此种工艺综合了电化学沉积和物理蒸发沉积的优点，并扩大了涂覆材料的范围，目前应用较为广泛。

二、常见几种 RP 技术的后处理举例

（一）LOM 技术后处理

从 LOM 快速成型机上取下的原型制件埋在叠层块中，需要进行剥离，以便去除废料支撑结构等。主要过程如下：

1. 废料的去除　废料是指在快速成型过程中除工件之外的多余的料或支撑结构。LOM 技术虽然无需设置支撑结构，但是在其加工过程中生成的网格状废料却很难清除，需采取手工剥离的方法进行剥离。

2. 表面处理　因为 LOM 技术用原材料为纸，因此待原型制件加工完毕后，还需对其进行修补、打磨、涂漆防潮等处理，以保证其尺寸稳定性、精度等方面的要求。

（二）SLA 技术后处理

对 SLA 技术原型制件的后处理，其工序步骤较为复杂，主要的工艺过程如下：

（1）首先，SLA 技术制成的原型制件需先停留 5 ~ 10min，晾干制件表面多余的树脂原材料。

（2）借助一些小手工工具，采用手工办法去除原型表面的支撑。

（3）将原型制件浸泡在工业酒精或丙酮内，以便去掉原型制件表面和型腔内部多余的树脂原材料。

（4）清洗过的原型必须放在后固化装置内进行完全固化，以满足所要求的力学性能。

（5）最后，根据最终产品或模型表面的需求，对原型表面进行光整、打磨、修剪等后处理，以降低原型表面粗糙度。另外，对表面质量要求较高的原型制件还需进行进一步的后处理，如喷砂等。

目前，以色列的 Objet 公司拥有多项光敏树脂喷射专利技术，并且其研制的 Edenn 系列三维快速成型机可选用的树脂原材料有很多种，如 FullCure 720（半透明）、Veroblue（蓝色硬）、VeroWhite（白色硬）、VeroBlack（黑色硬）、Tangoblack（黑色软）、Tangogray（灰色软）、Tangoplus（半透明超软），可根据产品的不同品质、精度进行选用。同时，其 RP 设备可选用两种不同的树脂材料：其中一种为用来制作原型制件的模型材料；另一种为易水解的支撑材料，待原型制件加工成型后，这部分支撑材料可通过水冲洗与原型分离，后处理十分简易、便捷。图 6-30 所示为 Edenn 系列三维快速成型机加工的高精度原型制件。另外，该设备还配备了相应的固化装置，从而保证了原型制件的表面质量，而无需进行打磨等后处理工作。

（三）FDM 技术后处理

FDM 技术所用的主要材料为 ABS 工程塑料丝束，因此所制作的原型虽然强度

图6-30　Edenn系列三维快速成型机加工的高精度原型制件

较高，但阶梯效应较明显，表面粗糙度较大。FDM技术后处理的主要步骤如下：

1. 增强预处理　去除支撑材料后，FDM原型制件表面丝材的凝固较为松散，有些小结构部件可能会脱离机体。因此，在进行FDM原型制件表面后处理前，可预先涂覆一层增强剂，以预先提高原型制件的表面强度，防止进行后处理工序时对成型制件表面造成不必要的损伤。

2. 表面涂覆　对增强处理后的FDM原型制件进行表面涂覆，以填充原型表面的台阶间隙以及微细丝材之间的缝隙。

3. 表面抛光　表面抛光工序可采用手工操作，采用目数较高的水磨砂纸，对模型表面进行打磨。

4. 表面喷涂　将经过抛光的原型制件放在干燥箱内，除去水分后，再用硝基底漆喷涂原型制件的表面。若需不同色彩的原型制件，则再选择不同色彩的自喷漆进行喷涂。

（四）3DP技术后处理

相比较其他RP技术，3DP技术的后处理比较简单。待3DP技术成型结束后，将原型制件放置在加热炉中或在成型箱中进行一段时间的保温及固化，之后再用除粉设备将黏附于原型表面的粉末除去。

此时的3DP原型制件强度较低，必须在原型制件表面涂上硅胶或耐火材料，或用盐水进行固化，以提高原型制件的表面强度。有时，也可将其原型制件放至高炉中进行焙烧，以提高原型制件的耐热性及力学强度。

（五）SLS技术后处理

由于SLS技术的激光烧结速度很快，粉末熔融后有时还未充分相互扩散和融合就已成型，因此原型制件的密度较低，一般为实体密度的60%左右，这就大大影响了原型制件的强度。因此，需经过适当的后处理工艺来提高原型制件的强度。

以下是SLS技术后处理的几种方法，在具体进行后处理时，可根据不同原材料及其性能要求，采用不同的后处理方法。

1. 高温烧结　金属和陶瓷原型制件可用高温烧结的方法进行后处理。经高温烧结后，原型制件的内部孔隙减少，制件密度与强度增加。虽然高温烧结后原型制件的各方面性能得到改善，但是其内部孔隙减少会导致制件的体积收缩，从而影响原型制件的外形尺寸。因此，在考虑到成型制件需进行高温烧结后处理工艺时，需将原型制件的尺寸设置在公差的上限上。

2. 热等静压　金属和陶瓷等原型制件可采用热等静压进行后处理。热等静压后处理工艺是借助流体介质将高温和高压同时均匀地作用于原型制件的表面，目的是消除其内部气孔，提高原型制件的密度和强度。热等静压处理可使原型制件非常致密，优于高温烧结工艺，但原型制件的收缩也较大。例如，对铁粉烧结的原型制件进行热等静压处理，可使原型制件最后的相对密度达到98%左右。

3. 熔浸　熔浸是将金属或陶瓷等 SLS 原型制件与另一种低熔点的液态金属相接触，其目的是让液态金属充分地填充制件内部的孔隙，经冷却后得到致密的零件。因此，熔浸的最大优点是，原型制件经过熔浸处理工艺处理后基本上不会产生收缩，且密度高，强度大。

4. 浸渍　浸渍和熔浸工艺基本相似，区别在于浸渍工艺是将液态非金属物质浸入多孔的 SLS 原型制件内，同时在其工艺处理中，需控制浸渍后原型制件的干燥过程。因为干燥过程若控制不好，会导致原型制件的开裂，从而严重影响零件的质量，并且干燥过程中的温度与湿度等因素对干燥后原型制件的质量有很大的影响。浸渍工艺的优点与熔浸基本相同，经过浸渍处理的制件尺寸变化也较小。

三、快速成型制件的表面精度

（一）快速成型制件的精度

快速成型精度包括快速成型系统的精度以及系统所能制作出的成型制件的精度。成型精度与成型制件的尺寸、几何形状、成型材料的性能以及快速成型技术密切相关。

1. 快速成型系统的精度　快速成型系统的精度包括软件和硬件两部分。软件部分的精度是指模型数据在进行处理时的精度，硬件部分的精度是指成型设备的各项精度。例如，SLA 成型系统包括：激光束扫描精度、托板升降系统的运动精度、动态聚焦精度、涂层精度等。

2. 成型制件的精度　成型制件的精度与传统制造中的零件精度概念类似，它包括形状位置精度、尺寸精度、表面质量等。

（1）形状位置精度。快速成型时可能出现的形状误差主要有扭曲、翘曲、圆度等。其中，扭曲误差是以成型制件的中心线为基准，测量出最大外径处的绝对、相对扭曲变形量。翘曲误差是以成型制件的底平面为基准，测量出最高上平面的绝对、相对翘曲变形量。圆度误差应沿成型制件的成型方向，选取一最大圆的轮廓线，测量其圆度。

（2）尺寸精度。由于各种原因，成型制件与三维 CAD 数据模型相比，在坐标轴的三个方向上都会产生一定的尺寸误差。为了测量出其尺寸误差，沿成型制件坐标轴的三个方向分别量取出其最大尺寸和误差尺寸，从而计算出绝对误差与相对误差数值。另外，一般情况下，快速成型设备说明书中注明的"制件精度"就是指成型制件外形尺寸的误差范围，此数据通常情况下是测量制造厂商所制得的测试件得出的数值。

（3）表面质量。影响快速成型制件的表面质量的误差有波浪误差（见图6-31a）、台阶误差（见图6-31b）以及粗糙度。一般情况下，在成型制件打磨、抛光等后处理工艺进行之前测量出误差的数据。其中，波浪误差常常出现在成型制件表面的起伏、凹凸等不平之处，如图6-31a所示，以全长 L 上波峰与波谷之间的相对差值 Δh 来进行衡量。台阶误差通常情况下出现在自由曲面处。粗糙度是测量出原型制件各结构部分的侧面和上下表面之间的数值，同时取最大值。

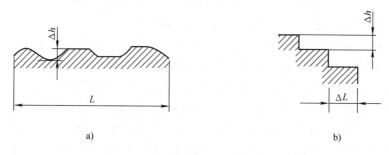

图6-31　表面质量误差的波浪误差、台阶误差

a）波浪误差　b）台阶误差

（二）快速成型制件误差的形成机理及影响因素分析

1. 快速成型制件误差产生因素　RP技术原型制件的成型过程是从三维CAD数据模型转换成三维实体模型的过程。如图6-32所示是造成原型制件误差的主要几种因素。

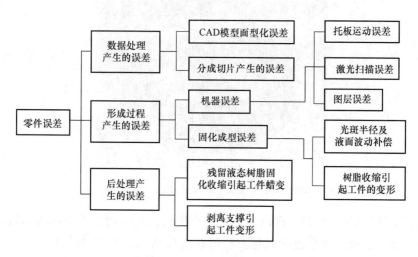

图6-32　零件误差产生的主要因素

　　此外，快速成型技术所涉及的学科及领域较多，如 CAD 技术、机械工程技术、数字控制技术、光学等，并且各种因素的影响以及它们之间的相互影响都是极其复杂的，因此有必要对产生误差的一些因素进行进一步的研究与分析，其目的是在今后的 RP 工艺中尽量避免这些误差因素在 RP 技术成型过程中出现。

　　2. 快速成型制件误差产生因素分析及消除方法　　根据上面对零件误差产生因素的分类，下面对各种误差因素进行分析并找出减小或消除各种误差的途径。

　　进行三维 CAD 数据处理是快速成型关键的第一步，因此其数据模型的精度是影响快速成型制件精度的第一个因素。在进行三维 CAD 数据处理时产生的误差主要有以下两个：一个是对三维 CAD 模型进行三角网格化处理时产生的误差；另一个是对三维 CAD 数据在进行分层切片时产生的误差。

　　（1）对三维 CAD 模型进行三角网格化处理时产生的误差。在对三维 CAD 数据模型进行分层切片处理之前，先对三维 CAD 实体模型进行近似处理——三维网格化处理，即采用三角形面片的形式近似处理模型表面，将其转化成为 RP 工艺与设备所能接受的数据格式（如 STL 格式），以便进行后续的分层处理与快速成型。在 STL 的文件格式中，每个三角形面片都包含四个数据项、三个顶点坐标和一个法向矢量，因此三维 CAD 模型进行三角网格化后，其实体模型可看作是多个三角形面片的组合。

　　在三维 CAD 数据模型进行三角网格化处理的过程中，不可避免地会出现三维 CAD 数据中部分信息丢失的现象，从而导致误差的产生。如图 6-33 所示，在制作一圆柱体后进行三角网格化处理，当沿着纵向进行三角网格剖分时，若设定的曲面精度不高，那么可以看到网格化后的圆柱体几乎变成了棱柱体。

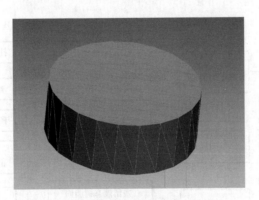

图 6-33　进行三角网格剖分的一圆柱体

　　如图 6-33 所示，这种三角网格化处理产生的误差会随着模型曲面的曲率增大而越发明显。消除这种误差的最佳方法就是直接从三维 CAD 数据模型生成 RP 技术直接能接受的数据格式，而不经过三角网格化的数据处理。

　　目前，RP 技术几乎无法做到这点，所能做到的就是在对三维数据模型进行网格化处理的过程中尽可能减少此种误差因素对模型制件所造成的影响。具体办法是，在对三维 CAD 数据模型在进行三角网格化处理的格式转换过程中，通过经验恰当地选取系统中给定的近似精度参数值以减小这一误差。

例如，在采用 Pro/E 三维造型软件进行三维实体模型的建模之后，再通过选定合适的弦高值作为逼近的精度参数。如图 6-34 ~ 图 6-36 所示为采用 Pro/E 软件对三维模型的球体分别给定三个不同数值的弦高之后进行三角网格化剖分的外观效果图。

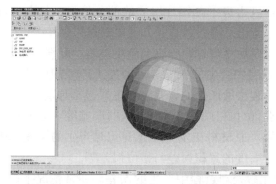

图 6-34　弦高值为 50.8mm（2in）时进行三角网格化剖分的球体外观效果图

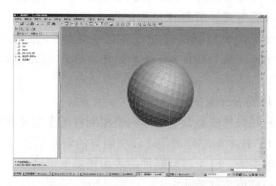

图 6-35　弦高值为 25.4mm（1in）时进行三角网格化剖分的球体外观效果图

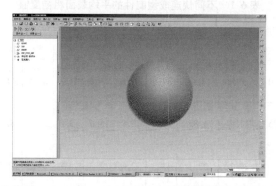

图 6-36　弦高值为 12.7mm（0.5in）时进行三角网格化剖分的球体外观效果图

（2）对三维 CAD 数据在进行分层切片时产生的误差。当三维实体模型在进行数据的三角网格化剖分，并且在选定了制作方向后，在对其进行快速成型之前，还需对其数据模型进行离散切片，以获取一层层截面轮廓的信息。切片的方向、厚度值的大小会对原型制件的表面精度、制作时间和成本有一定的影响。分层切片是将一系列垂直于模型制作方向的平行平面相截于经过三角网格化处理的实体模型所得到的一层层与实体模型相截的截面及其轮廓信息，每两平行面之间的距离即为切片的分层厚度。由于切片分层厚度的存在，就不可避免地破坏了实体模型表面的连续性，而且丢失了两切片层间的部分信息，从而出现原型制件形状和尺寸的误差。

在以后的成型以及后处理过程中也会产生误差，分别介绍如下：

（1）成型加工过程中产生的误差。成型加工产生的误差即一层层截面在快速成型制造与层叠加过程中所产生的误差。它主要包括原材料在成型中产生的误差、快速成型设备各主要部件在工作过程中形成的误差等。原材料在成型中产生的误差主要包含以下内容：原材料在发生形态变化时产生的误差、内应力使成型制件产生翘曲变形、叠层高度的累积误差与错位误差等。

（2）成型制件在后处理过程中产生的误差。通常情况下，快速成型制件在从成型设备上取下后，还需要进行一些必要的后处理工序，如进行剥离支撑、修补、打磨、固化、抛光等后处理。后处理过程中产生的误差原因主要有以下几种：去除支撑材料时可能会影响成型制件的表面精度与表面质量；有些烧结后处理会引起工件形状和尺寸的误差；修补、打磨、抛光也会影响成型制件的尺寸及形状精度。

3. 快速成型制件的表面粗糙度

表 6-1 列出了不同快速成型设备制作的模型制件的平均表面粗糙度值。从表中可以看出，不同的 RP 技术所制作的快速成型制件的表面粗糙度值不同，FDM 模型制件的表面粗糙度值最大，SLA 模型制件的表面粗糙度值最小。此外，模型表面倾斜度较大，其表面粗糙度值就越小。

表 6-1　不同快速成型制件的平均表面粗糙度值

快速成型机及成型材料	成型层厚/mm	表面粗糙度/μm									
		下表面	上表面	10	20	30	40	50	60	70	80	90
SLA5170 环氧树脂	0.150	3.3	1.4	39.9	31.8	28.8	51.8	21.5	20.6	16.7	7.3	6.3
SLA5149 丙烯酸树脂	0.125	11.7	4.85	27.8	3.4	15.6	13.6	10.7	8.2	6.7	6.2	4.7
EOSINTP 蜡	0.200	22.2	22.1	43.3	33.0	27.3	25.8	24.8	23.1	16.7	16.0	16.2

（续）

快速成型机及成型材料	成型层厚/mm	表面粗糙度/μm										
		下表面	上表面	10	20	30	40	50	60	70	80	90
SLS 尼龙	0.130	13.0	16.0	27.3	28.7	28.1	26.3	25.9	25.5	24.4	22.8	21.4
SLS 尼龙	0.100	13.5	12.2	28.5	30.5	36.9	39.1	36.5	29.3	39.2	26.2	11.8
LOM 纸	0.100	11.7	3.4	29.2	31.9	27.7	27.0	25.3	25.0	23.3	17.9	16.9
FDM 塑料	0.250	42.8	30.9	56.6	54.5	38.6	31.3	26.4	24.4	22.7	18.9	17.9

本 章 小 结

在整个 RP 技术的实施过程中，三维 CAD 数据的处理是十分必要和非常重要的。本章主要介绍了快速成型工艺数据的前处理、快速成型的中期处理、快速成型制件的后处理及表面精度等内容。

复习思考题

1. 目前常用的快速成型数据转换格式有哪几种？
2. STL 文件是什么类型模型的文件格式？它有哪些特点？
3. 快速成型数据处理软件的主要功能是什么？
4. 添加支撑应考虑哪些方面？
5. 在成型方案优化时，应综合考虑哪些因素？

第七章 快速成型技术的应用及发展趋势

内容提要

RE、RP 及 RT 一体化集成技术对产品快速设计与制造及其相关过程会起到很大的推动作用，同时借助计算机 CAD、CAM 与 CAE 系统，可作为并行的、RE 与 RT 一体化设计的一种崭新的工作模式。目前，该集成技术作为产品快速设计与开发的重要支撑技术，已成为快速成型技术的应用及今后的发展趋势，也是当今国内外学者的研究热点之一。

在经济飞速发展的今天，任何企业只要能将自己的产品不断地进行改革与创新，以满足不同用户的需求，就能拥有该产品的竞争优势，并跟上时代潮流，使自己立于不败之地。

第一节 产品快速设计与制造系统的集成

当前，随着经济的迅猛发展与激烈的市场竞争，各国制造业不仅致力于扩大生产规模、降低生产成本、提高产品质量，而且还将注意力逐渐放在快速地开发出新品种以及加快市场的响应速度上。可以说，任何企业只要能在新产品的研发过程中走在行业的最前面，它就能在激烈的市场竞争中占有重要的一席之地而不被淘汰。

因此，有关新产品研发方面的高新技术便受到设计界的高度重视。当前，RP 技术以及基于 RP 的快速模具制造（Rapid Tooling，RT）技术在新产品的研发以及单件小批量生产中正逐步为企业带来不可估量的、巨大的经济效益。

为了最大限度地发挥 RP 及其集成技术的功效，我们建构出一个产品快速成型、快速模具设计与制造的集成系统，该集成系统的建立，充分发挥了 RP 与 RT 集成技术的优越性，给企业提供全方位、高新技术的支持与服务。

一、产品快速设计与制造系统的基本框架

产品快速设计与制造系统是集工业设计、计算机三维 CAD 软件、RE、RP 及 RT 等技术为一体的、恰当的集成制造系统。目前的企业常常采用以下两种设计方法进行产品的快速设计与制造：一是从模型或样品出发，进行产品的快速设计。采用此种方法进行产品快速设计与制造的大致步骤为：样品或模型的三维数据资料的反求，将三维数据资料进行曲面拟合和修改，三维造型与创新设计，快速成型，成型制件进行工艺与结构分析，进行快速模具和产品的制作。二是从概念出发进行产品的快速设计与制作。采用此种方法进行产品快速设计与制造的大致步骤为：首先进行概念产品的设计，产品的创新设计与三维 CAD 造型，快速成型，

成型制件进行工艺与结构分析，进行快速模具和产品的制作。

　　从以上两种产品的快速设计方法及步骤中可以看出，它们都是借助计算机三维 CAD 设计、快速成型与快速模具制造等技术来进行产品的快速设计与制造。不同点则是前者是采用逆向思维的方式，而后者是采用正向思维的方式进行产品的快速设计与制造。

　　产品快速设计与制造过程不仅仅是考虑某个单一因素，而是集工业设计、美学、产品的功能与结构性能、产品的制造工艺性以及成本等多种因素于一体的设计过程，有时甚至可能还需通过对产品在实际工作环境中进行仿真或在仿真基础上进行相关的优化设计，最终达到产品的设计目的。

　　图 7-1 所示为产品快速设计与制造系统的基本框架。

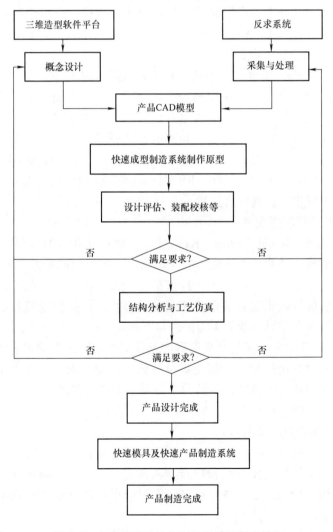

图 7-1　产品快速设计与制造系统的基本框架

二、产品快速设计与制造系统所需软硬件

上述产品快速设计与制造系统的基本框架大致需要以下几方面的软硬件内容。

（一）RE 技术及其相关软件

逆向工程（Reverse Engineering，RE）及其相关技术是对已有实物模型或样件进行三维测量，得到实物的三维数据资料，再根据三维数据资料修改并重构出实物的三维 CAD 模型，最后根据三维数据模型进行实体构造的过程。目前，RE 及其相关技术主要用于对已有样件的复制，损坏或磨损艺术品及古文物的还原等方面。RE 技术的三维数据主要获取方法有：三坐标测量法、激光三角形法、投影光栅法、核磁共振、CT 等。

（二）三维 CAD 造型设计软件

目前，产品设计基本上都借助于三维 CAD 造型软件，应用较多的三维 CAD 造型软件主要有 Pro/E、UG、Cimatron、Solidedge 等。

（三）RP 技术及相关设备

RP 技术是 20 世纪 90 年代发展起来的一项先进制造技术，是为制造新产品开发服务的一项关键共性技术，对促进企业产品创新、缩短新产品开发周期、提高产品竞争力有积极的推动作用。该技术自问世以来，逐渐在发达国家的制造业中得到了广泛应用，并由此产生了一个新兴的技术领域。它可以在无需准备任何模具、刀具和工装卡具的情况下，直接接受产品设计的三维 CAD 数据，快速制造出新产品的样件、模具或模型。因此，RP 技术的推广应用可以大大缩短新产品开发周期、降低开发成本、提高开发质量。

（四）快速模具制造设备

快速模具制造（Rapid Tooling，RT）技术，就是以 RP 的原型制件为母模，实现金属模、硅胶模以及陶瓷模等模具的快速制作，现已形成新产品的小批量翻制，并且降低了新产品的研发成本。由于经济的迅猛发展以及市场的激烈竞争，模具市场对于任一种模具技术最首要的要求就是快速性，因此快速模具制作技术越来越受到产品开发商和模具行业的大力关注与重视。

RT 技术与设备的显著特点就是模具的制作周期短、工艺简单、易于推广，并且成本较低，同时其精度和寿命都能满足一般的功能需求，极适用于新产品的研发与试制、工艺和功能的验证、多品种小批量的生产等需求。目前，RT 技术正广泛应用于家电、医学、汽车制造、航空航天等领域中。

（五）工艺仿真及相关软件

通常情况下，批量产品的生产一般都是在一定的工艺条件下，使用相关模具，并在生产过程中反复修改模具结构以及相关的工艺方案，进而生产出满足设计要求的产品。采用此种加工工艺进行生产，有时会提高产品的生产成本并相应延长产品的生产周期。

若能采用工艺仿真的 CAE 技术，将工艺仿真参与到设计和制造当中，则有可

能大大降低 CAD 与 CAM 的设计与制作风险，确保新产品研发的高成功率。当前，用于产品成型的注射成型仿真软件主要有 OW、C- MOLD 等，板料成型仿真软件主要有 OPTRIS、DYNAFORM、PAM- STAMP 等，体积成型仿真软件主要有 DEFORM、FORGE 等。

（六）结构分析软件

一般情况下，在进行产品的结构设计时，需要考虑的主要内容有产品的外观、加工制造要求以及产品的使用要求。当产品设计经过外观及加工制造等可行性评估合格后，还要考虑该新产品是否能满足其使用要求，这就需要对该产品进行结构分析。进行结构分析的目的是对产品进行安全性等方面的评估，从而实现结构的最优化。目前，常用的结构分析软件主要有 NASTRAN、MARC、ANSYS、ADINA 等。对产品进行结构分析的主要内容有结构件的刚度、强度、稳定性及疲劳寿命等。

目前，开放新产品的一般步骤是，首先对所参考的实物样件进行反求或是借助计算机 CAD 软件进行产品的概念造型设计；然后借助计算机三维 CAD 软件对相关数据进行修改与再设计，若有些零件为运动或受力部件，还需根据样件的运动或受力状态建立数学模型，并对其结构进行运动与受力分析及优化；将设计好的三维数据模型按 RP 设备接受的数据格式输入 RP 设备并快速制作；对模型制件进行外观、设计、装配等方面的检验、评估与修改工作；进行 RT 设计并检验模具设计方案的可行性；最后配合软、硬模的快速制作，进行小批量样件的快速制造，从而完成产品的整个研发过程。

从上述产品快速设计与制造系统的基本框架以及其所需软硬件内容可以看出，产品快速设计与制造系统可以显著缩短新产品的研发周期与研发时间。一般情况下，从产品的概念设计或样件的实物反求开始，到完成最终的模具生产的小排量产品，制造周期一般仅为几天。由此可见，采用产品快速设计与制造系统的基本框架进行快速的产品研发，其设计与制造过程是相当迅速的。

此外，RP 和 RT 技术的恰当集成，实现了产品 CAD 与 CAM 的高效集成，是产品快速设计与制造系统框架的最关键技术。任何新产品的研发，基本上都离不开 RP 与 RT 技术的支持。

三、产品快速设计与制造系统的应用

利用产品快速设计与制造系统的基本框架及软硬件相关资源，可快速地实现产品的三维设计。

（一）借助 RE 技术实现产品的快速设计与制造

图 7-2 所示为对某一吉普车车轮进行反求与再设计，图 7-3 所示为对吉普车车轮进行的多次再设计与 LOM 模型。在满足车轮刚度、强度等使用要求的前提下，尽量使其外观具有美感。同时，在设计车轮外观时，对每一种设计都进行 LOM 原型制件的快速制作与仿真，对车轮的外观及结构进行多次改进，最终确定合理的

设计方案并生产出车轮样件。

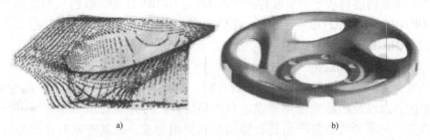

a)　　　　　　　　　　　　　　　b)

图 7-2　车轮的部分点云数据与三维造型

a）部分点云数据　b）三维造型

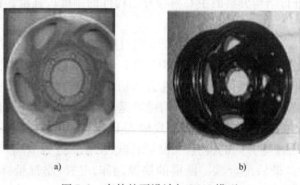

a)　　　　　　　　　　　　　　　b)

图 7-3　车轮的再设计与 LOM 模型

a）车轮的再设计　b）车轮的 LOM 模型

（二）借助概念设计实现产品的快速设计与制造

图 7-4 所示为电视机的前面板设计与快速制造模型。国内某公司在设计出电视机的前面板后，进行了产品的三维快速设计与前面板壳体样件的制作，接着进行了从二维图样设计到三维 CAD 模型的建构，并将其快速制作出样品制件供厂家进行进一步的设计及再修改工作。

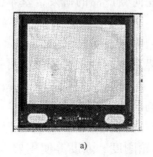

a)　　　　　　　　　　　　　　　b)

图 7-4　电视机前面板的三维 CAD 设计及制件

a）电视机前面板的三维 CAD 设计　b）电视机前面板的 RP 制件

第二节　逆向工程、快速成型与快速模具系统的集成

一、基于逆向工程、快速成型集成系统框架

当今，计算机辅助设计与制造技术被广泛应用于各行各业，尤其是近些年来对原有产品进行改进设计方面的内容在逐渐增多，这就需要对相关产品及其零部件进行复制和再设计。对实物的复制和再设计的过程被称为逆向工程（Reverse Engineering，RE）。RE 技术是进行产品进行快速研发的重要手段之一。随着计算机技术的飞速发展，RE 和 RP 技术的有机结合以及借助计算机网络的异地设计等都会对新产品的快速研发起到很好的推动作用。

（一）RE 相关技术及应用

1. RE 技术　逆向工程技术也称为反求工程、反向工程等，它能将已有实物或模型转换为三维点云数据资料，借助这些数据资料能在短时间内快速地对已有产品或模型进行造型上的修改与创新设计，即 RE 技术的主要内容就是将实物转变为三维 CAD 数据资料并进行几何模型重构与产品的快速制造。

通过 RE 技术构建三维 CAD 数据资料的主要内容是：首先借助三维测量装置对实物进行三维点云数据资料的采样以获取实物的三维点云数据资料，即对实物进行三维离散数字化处理，这是 RE 的关键技术；其次再对三维点云数据资料进行预处理，如进行数据的平滑滤波、消除噪声、删除冗余数据资料、重要特征的提取与排序等，初步确定实物的几何特征信息；然后再进行三维曲面的修改与重构，如将数据资料按研发需求进行曲面的建构与重构、拼接等工作；最后将曲面模型进行检查与修改并等待输出。

可以看出，RE 技术的大致过程是从产品或模型到再设计、然后造型的过程，是一个重新再设计的过程。它是以当前计算机相关软硬件设施作为重要的辅助工具，开发出更为先进的产品，是消化吸收的最佳捷径。目前，有相当多的产品的研发都采用此种设计方式，几乎与传统的从概念设计到图样、再制造出产品的正向设计并驾齐驱。

2. RE 的应用　在 20 世纪 90 年代初，RE 技术就作为产品研发的一种重要手段，引起各国各界的高度重视。由于市场的需求快速增长，RE 技术在制造业领域中的应用也越来越普及。

目前 RE 技术主要应用在以下几方面：利用 RE 技术生成 RP 系统的接口数据；利用 RE 技术生成层片文件，直接驱动 RP 设备进行快速制造；利用 RE 技术重构出所需的三维实体模型，进行产品的快速研发。

（二）集成 RE、RP 系统框架

在 RP 技术中引进 RE 相关技术，形成一个快速设计、快速制造与快速检测的闭环反馈系统，能有效发挥 RP 技术的优势。目前，大多数 RP 技术系统都有相关

的 RE 工程系统。图 7-5 所示为集成的 RE、RP 系统框架。可以将集成的 RE、RP 系统分为三个子系统：数据处理子系统、模型重构子系统和产品三维快速制造子系统。

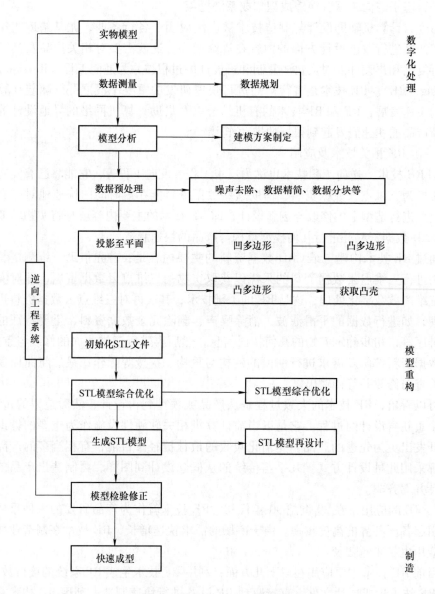

图 7-5　集成的 RE、RP 系统框架

1. 数据处理子系统　数据处理子系统包括实物或模型的三维测量、模型分析、建模方案的制定、三维数据的预处理等内容。实物的三维数据处理是通过特定的三维测量设备及相关测量方法，获取实物或模型表面离散点的三维坐标数据，并

在此基础上进行曲面的编辑与修改等工作。

2. 模型重构子系统　　在模型重构子系统中，RE 设计与概念设计都会给三维 CAD 建模带来误差，从而导致由三维数据点拟合的数据 CAD 模型与需设计的产品外观及结构之间有差异。因此，需将三维数据模型导入 RP 设备识别的文件（如 STL）后，再对其进行模型的转换优化、再设计与模型的校验等工作，使得该数据在模型重建和 CAD/CAE/CAM 系统中实现统一共享，以达到模型重建模块与 CAD/CAM 系统的无缝集成。

3. 产品快速制造子系统　　在工业设计领域，产品的研发基本都离不开 CAD 系统，主要的制造模式有以下三种：首先进行二维图的设计，再选择不同的组合加工与制造方式，此方式即原来的传统的产品制造方式；通过 CAM 加工完成，此方式主要是进行利用数控加工完成产品的制作，主要用于模具产品或具有复杂外形的产品；由 RP 设备快速制成产品制件，此种方式一般用于模型的检验和评估或最终产品的制作。

通过以上三个子系统的恰当集成，建立起集成 RE、RP 的系统框架。这种方法最大的优点是可以借助 RE、RP 技术，快速地对实物样件进行分析和修改，并通过不断的分析、修改，以实现产品的不断创新与研发。

在复杂外形产品开发中借助 RE、RP 集成系统技术，可改进新产品的设计质量、缩短研发时间与费用，并实现产品的快速开发。若能在新产品的研发中结合通用 CAD/CAM 软件以及 RE 相关技术快速完成复杂外形产品 CAD 设计，并以集成的 RE、RP 系统框架为基础，构建出集成 RE、RP、CAD/CAM、Internet、NC 等技术的复杂外形产品快速开发系统框架，则将对缩短复杂外形新产品的研发周期具有重要的推动作用。

二、集成 RE、RP 系统数据交换接口模式

经由 RE 反求技术获得的三维点云数据资料，借助三维 RE 相关反求软件（如 Surfacer 软件）处理与拟合，生成所需的曲面 CAD 模型，再导入 RP 技术接受的层片文件格式，即 RE 与 RP 之间的数据交换文件格式。

商用 RE 软件主要用于测量数据的曲面重构，并将其重构结果以商用 CAD 软件包（如 UG 软件）能够接受的格式（如 IGES 的文件格式）输出，之后再利用相关 CAD 软件完成三维实体造型，最后以 RP 工艺设备能接受的文件格式（如 STL 文件格式）输出。

图 7-6 所示为集成 RE、RP 系统数据交换常用的 4 种接口模式。模式①因为还涉及复杂

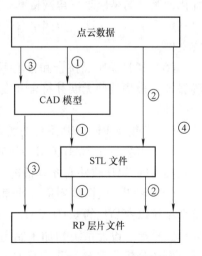

图 7-6　集成 RE、RP 系统数据
交换的接口模式

曲面以及求交算法的精度问题，比较繁琐。模式②需要将 CAD 模型转化并输出
STL 文件，利用商用 CAD 软件转化为 STL 文件时，有时会出现一些错误和缺陷，
如面片间的间隙、法矢错误、错误的面相交等，设计者需花较大精力用于检验和
修改 STL 数据文件。模式③和④都绕开采用 RE 技术获得的三维散乱数据的复杂曲
面重构和 CAD 造型，直接对 CAD 模型进行切层处理，获得更加精确的切层数据。模
式③对点云数据进行三角化处理，直接生成 STL 文件，所输出的 STL 文件错误较少。
因此，模式③和④是目前 RE 与 RP 集成系统框架较理想的数据交换接口模式。

三、集成 RE、RP 系统的开发

（一）集成 RE、RP 系统的开发过程

图 7-7 所示为集成 RE、RP 系统的开发
过程，其大致内容有以下几点：

（1）借助三维测量设备，对实物模型进
行三维数据的测量，以获取实物模型的三维
点云数据。

（2）对获取的三维点云数据进行预处
理，内容包括对采集到的三维点云数据去除
噪声点、精简、去除冗余点、分割处理，其
目的是便于在后续的工艺过程中提高处理速
度和建模精度。

（3）对处理好的三维点云数据进行模型
的重构，获得初始的 STL 模型。

（4）对初始的 STL 模型进行模型的综合

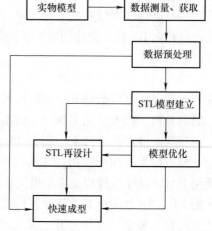

图 7-7　集成 RE、RP 系统的开发过程

优化，其目的是修改三角网格和三角形大小，
对三角形个体形状和三角网格群体进行多方面优化，再生成 RP 设备所需的 STL 格
式文件。

（5）通过编辑、拼合和分割等技术，对 STL 模型再次进行修改与研发等设计，
确保 STL 模型准确无误并符合开发需求，最后输入到 RP 制造系统，对其进行快速
的原型制作。

（二）集成 RE、RP 系统的实现方法

（1）开发一个 CAD/CAE/CAM/RP 的集成系统，通常一些著名的且具有软件
开发实力的 CAD 软件商才具备这样的能力。

（2）将 RE 数据的测量、处理及转换等相关内容与 CAD/CAE/CAM 系统集成，
整个系统以商品化的 CAD/CAE/CAM 系统为中心，由三维数字化测量系统、模型
分析、重建、设计系统和加工制造子系统部分构成。测量系统借助数据转换器实
现模型的分析、重建、设计及加工制造系统的柔性集成，所得的测量数据可根据
后续需要，选择 CAD 模型重建、RP 原型制造或数控加工，还可通过本地或异地的

Internet 实现系统的最佳集成。

该系统可选择通用文件格式（如 IGES、STEP、STL 等格式）进行转换，但在文件转换过程中可能会丢失一些特征信息，这就需要有效地利用 CAD/CAE/CAM 系统的功能，并借助一些成熟的商用 CAD 软件（如 Pro/E、UG、I-deas 等软件）进行模型的修改与再设计。

（三）基于 RE、RP 集成系统的新产品快速开发

新产品的快速研发是关系到企业可持续发展的一项重要活动，也是带给企业活力和增强其竞争能力的关键因素之一。产品开发与管理协会的一项近期统计表明，经营成功的高新技术企业里有 50% 以上的销售额来源于新产品的研发。目前，我国企业相对比较薄弱的环节就是产品自主开发能力方面的欠缺。因此，如何掌握及灵活运用产品的快速研发技术，对企业加速新产品的研发过程、增强自主创新能力等都具有重要的现实意义。

一般情况下，新产品的研发过程大致包括以下四个阶段：产品的规划、设计、样品试验、生产准备。其中，建立产品的三维 CAD 数据模型是产品设计的重点，即只有建立起所需产品的三维 CAD 模型，才能利用各种相关技术进行产品分析、设计与制造、装配以及后续的研发工作。图 7-8 所示为基于 RE、RP 集成系统的新产品快速开发流程。

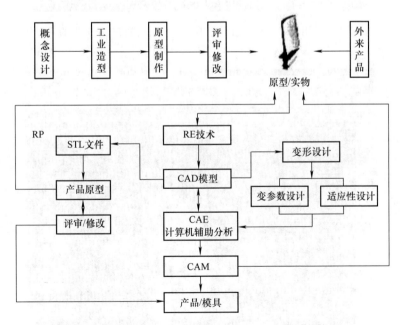

图 7-8 基于 RE、RP 集成系统的新产品快速开发流程

（四）基于 RE、RP 集成系统的新产品快速开发实例

以下基于 RE、RP 集成系统，以鼠标的设计与制作过程为例，对鼠标进行设计

与新产品的研发。

1. 数据采集阶段　以深圳智泰公司研发的 LSH800 三维激光扫描机来进行三维数据的采集。该设备的工作方式属于非接触测量，特点是测量速度快，扫描分辨率高，数据点密集，适用于外部曲面复杂的零件模型的测量。图 7-9 所示为采用 LSH800 三维激光扫描机对鼠标进行三维数据的采集工作。图 7-10 所示为扫描完成后得到的鼠标原始点云数据资料。

图 7-9　采用 LSH800 三维激光扫描机对鼠标进行三维数据的采集

图 7-10　鼠标原始点云数据资料

2. 数据处理　数字化测量得到的点云数据不可避免地存在一些问题，需对数据进行处理。点云数据的处理包括噪声去除、多视对齐、数据精简和数据分割等。

（1）噪声去除。在实际的三维数据的测量过程当中，因为受到人为或环境等因素的影响，难免会将一些多余的点云数据当作是实物上的点云数据一起扫描出来，即噪声点，为了消除噪声点对后续实物模型重构的影响，必须对测量点云进行滤波，去除噪声点。

（2）多视对齐。有些实物的尺寸过大或几何形状复杂，在测量时往往不能一次测出其所有数据，需要从不同位置多视角进行测量，然后再将所测点云进行对齐与拼接。

（3）数据精简。经三维测量所得到的点云数据量极大，而且其中还有大量冗余数据，因此一般情况下，原始数据资料无法直接用于实物的曲面构造，必须进行数据的精简工作，如采用等间距缩减、倍率缩减、等量缩减、等分布密度法或最小包围区域法等方法进行数据的缩减。

（4）数据分割。为了方便后续的模型的曲面重构，有必要对点云数据进行数据划分（分割），即根据组成实物的外形曲面，将属于同一子曲面类型的数据组成同一个组。

利用三维扫描仪采集的无序点数据几十万、上百万甚至更多，数据处理的工作量很大，所以为了获得完整、正确的测量数据，以方便后续的造型工作，在模型重建之前需要对测量数据进行以上 4 步预处理。采用 Imageware 软件对鼠标原始点云进行上面所述的 4 步预处理后，得到的鼠标点云如图 7-11 所示。

3. 曲面重构　测量点云重构实物的三维 CAD 模型是对整个 RE、RP 集成系统进行新产品快速开发最重要的内容之一，后续的产品的再设计、产品的快速成型制造、仿真以及工程分析等，都需要三维 CAD 数据模型的支持。图 7-12～图 7-14所示为根据用户需求，重构鼠标的三种不同的方案。

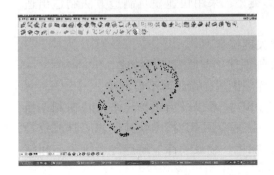

图 7-11　预处理后的鼠标点云

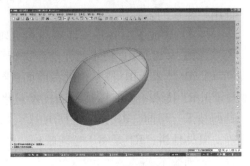

图 7-12　重构鼠标方案一

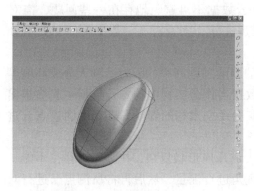
图 7-13　重构鼠标方案二

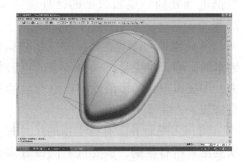
图 7-14　重构鼠标方案三

四、集成 RE、RP、RT 系统

RE、RP、RT 集成制造系统是以 RP 技术为主要技术来实现 RE、RP、RT 三者集成的。数据的有效处理与各工艺技术之间接口的有效转换、工艺的恰当集成、精度的控制等几个方面是该集成系统重点考虑的问题。在 RE、RP、RT 集成制造系统中，RE 技术输出的一般是面模型，RT 技术则采用 STL 数据格式，在各工艺技术之间进行数据格式相互转换的过程中可能会造成一些特征信息的丢失。因此，在运用集成 RE/RP/RT 系统时，需根据实际情况，合理运用各子系统之间的数据转换接口格式。

集成 RE/RP/RT 系统由三维数字模型、三维实体模型和快速模具制造 3 个子系统组成。三维数字模型子系统的功能是借助 RE 技术快速构建产品的三维数字模型，或是使用 UG、Pro/E、SolidWorks 等三维 CAD 建模软件直接构造产品的三维数字模型。三维实体模型子系统的主要功能是，将获得的三维 CAD 数据模型以 RP 技术所能接受的数据转换接口格式输入至 RP 设备进行快速成型，即直接将三维数字原型转换成三维实体原型。快速模具制造子系统的主要功能是，按照快速成型制件的大小及功能等要求选择合适的模具类型，采用快速模具制造方法制造出适合用户需求的各种模具。

（一）集成 RE、RP、RT 系统的几项关键技术

1. RE 技术　RE 技术已在前面进行详细论述，在此就不再赘述。

2. RP 技术　RP 技术也已在前面进行详细论述，在此就不再赘述。

3. RT 技术　快速模具制造技术是借助 RP 技术以及后续加工进行快速制作模具的技术。目前，RP 技术的研究热点之一就是应用 RP 技术快速制作工具或模具等。具体地讲，RT 是 RP 与硅胶模、数控加工、金属喷涂、铸造等传统工艺相结合的一项技术。

RT 技术是在 RP 技术基础上发展起来的一种新型模具制造技术，RT 技术的最大特点是能以最低的制造成本在最短的时间内制作出所需的各种模具。因此，应

用 RT 技术快速进行用以新产品试制与小批量生产的模具制造，在很大程度上可提高新产品开发的一次成功率，且可大大降低制造周期和生产成本等。目前，许多公司都研制出 RT 新工艺与新设备，并已经取得了良好的经济效益。

模具制造是制造业的主要工艺之一，借助模具生产零部件，可以大大提高生产效率，产品质量也容易得到保证，并且还能节约能源和材料，降低产品的制作加工成本。目前，模具制造已成为现代制造工艺的主要技术手段和重要的工艺发展方向。随着新的快速成型技术的不断出现，RT 技术也在迅速发展，并成为快速制造的重要组成部分。可以说，模具制造水平已成为衡量一个国家制造能力的重要标志之一，它对社会的发展将会起到越来越大的作用。

4. RP 与 RT 技术的集成　　RP、RT 技术恰当而有效的集成，给相关企业提供了一种从 CAD 实体模型直接快速制造模具的新方法，它能将模具的概念设计与加工工艺有效地集成在 RP、RT 系统内。RT 技术借助 RP 工艺设计与制造方法，可以根据 CAD 模型直接将复杂的产品结构与外形制造出来，解决了大量传统的加工方法难以解决或无法解决的问题，使模具制造在缩短研发周期、提高质量及制造柔性等方面取得了显著的效果。

利用 RP 技术的快速模具制作工艺可分为直接模具制造与间接模具制造两大类。

（1）直接模具制造。直接模具制造的制作工艺是：首先利用各种 RP 技术（如 SLA、FSM、LOM 等）直接快速制作出模具本身；再根据要求对其进行一些必要的后处理和机加工，以获得满足尺寸精度、表面粗糙度及力学性能等要求的模具；最后直接快速制作出金属模、树脂模、陶瓷模等模具。

例如，借助 RP 技术，利用 LOM 工艺直接将三维 CAD 数据模型制成纸质模具。该模具的最大特点是坚硬，并可耐200℃的高温，表面打磨处理后可用作低熔点合金的模具。

LOM 制模的最大特点是：模具的成型过程不用专门设计和制作支撑结构；模具变形小，且有较好的力学性能和较高的硬度，但对于薄壁件，其弹性和抗拉强度无法保证；后续打磨等后处理较费时，成本提高。因此，LOM 技术适用于制作中大型模具或样件试制用的注射模、精密铸造用的蜡模、成型用模具的型芯和型腔等。

（2）间接模具制造。间接模具制造的制作工艺是：首先利用 RP 技术制作模芯，再用此模芯复制硬模具；或先利用 RP 技术制作出母模，然后再复制软模等。此外，用 RP 技术制得的原型制件表面经特殊处理后可替代木模，也可直接用于制造石膏型或陶瓷型；还可以将 RP 原型经硅橡胶模过渡转换，得到陶瓷型或石膏型，再由陶瓷型或石膏型浇注出金属模具。

间接制模工艺随着 RP 原型制件制造精度的提高，其应用也越来越广泛。目前，常用的间接制模工艺主要有：硅胶模具，可批量翻制 50 件左右；环氧树脂模具，可批量翻制 1000 件左右；快速制作 EDM 电极加工钢模具，可批量翻制 5000 件左右；金属冷喷涂模具，可批量翻制 3000 件左右。

根据模具使用的各种材质进行划分，间接模具制造可分为软模和硬模两大类。

1）软模。使用软质材料（如硅橡胶制模、金属喷涂制模、低熔点合金制模等）所制作出的模具即为软模。这类模具一般用 RP 技术先制作出原型制件，然后再用该原型制件翻制成硅橡胶模、石膏模或金属树脂模等软模。一般情况下，若零件的批量较小或用于产品的试制，则可以用非钢铁材料制造成本相对较低的软质模具。

以下以硅胶模的制作工艺为例，详细介绍软模的制作过程。硅胶模脱模方便且具有很好的弹性和一定的韧性，适用于制作结构较为复杂、无起模斜度、凹凸槽类的零件。原型制件在浇注完成后都能直接取出，这是硅胶模相对于其他模具的独特之处。图 7-15 所示为采用硅胶模浇注的鼠标底座样件。首先借助 FDM 工艺制作鼠标原型制件，经表面打磨抛光处理后，再将原型制件作为模芯复制硅胶模。图 7-16 所示为其制作的大致工艺流程。

图 7-15　硅胶模浇注的鼠标底座样件

此外，金属喷涂制模技术的应用也比较广泛，它包括吹塑模、注射模、吸塑模、浇铸模等。金属喷涂制模适用于低压的成型过程，如吹塑、反应注射、浇注等。例如，用于生产聚氨酯制品时，其翻制的件数能达到 10 万件左右。目前，已用金属喷涂制模技术生产出 ABS、尼龙、PVC 等塑料的注射件。对于小批量生产的塑料件来说，金属喷涂制模是一个较经济有效的生产方法。

目前，金属喷涂制模技术一般有金属冷喷涂和金属热喷涂两类，其喷涂制模的一般工艺过程如图 7-17 所示。

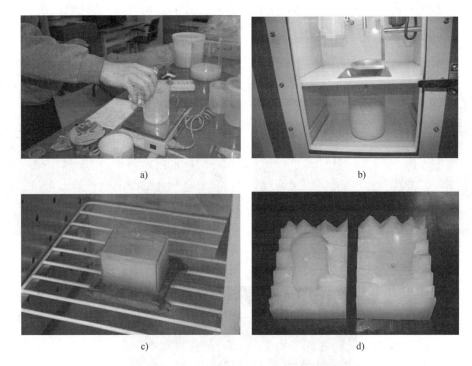

图 7-16　硅胶模制作的大致工艺流程

a）硅胶模称重　b）借助真空注型设备对硅胶抽真空

c）借助抽真空设备对硅胶固化　d）开模修整

图 7-17　金属喷涂制模的工艺流程

2）硬模。一般软模翻制产品的数量为 50～5000 件，若需翻制上万件的产品，则需采用硬质模具。制作硬模大致的工艺步骤如图 7-18 所示。

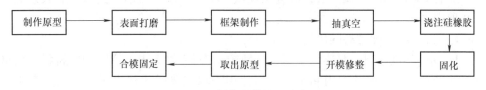

图 7-18　制作硬模的工艺步骤

（二）RE、RP、RT 集成系统应用案例

将采用 RE 技术获得并修改的如图 7-12～图 7-14 所示的重构鼠标三维数字模

型，根据用户需求，借助 RP、RT 技术，快速地制作出 RP 样件及硅胶模模具，如图 7-19～图 7-21 所示。

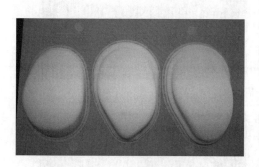

图 7-19　鼠标的 FDM 成型制件

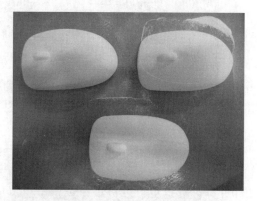

图 7-20　鼠标的 3DP 制件

图 7-21　鼠标的硅胶模模具

第三节　快速成型技术的发展趋势

一、RP 技术的新进展

随着 RP 技术的飞速发展，其应用领域也不断扩展。目前，其新进展大致有以下几项内容：

（一）功能梯度材料的研发

1. 功能梯度材料　日本科学家平井敏雄于 1984 年提出了梯度功能材料的新概念。这种新型材料的基本内涵是：根据使用需求，选择两种或两种以上具有不同性能的材料，再通过改变两种材料的内部组成以及内部结构，造成其内部界面的模糊化，以得到在功能上逐渐变化的非均质材料。研制此类功能梯度材料的目的，是减小和消除材料结合部位的性能不匹配性。

例如，目前使用在航天飞机推进系统中的超音速燃烧冲压式发动机，这种冲

压式发动机内气体燃烧的温度一般情况下约为2000℃，这种燃烧必将会对燃烧室
内壁产生巨大的热冲击；而燃烧室的另一侧还需经受燃料液氢的冷却作用，冷却
温度一般情况下约为-200℃。因此，在燃烧室内壁，一侧需承受燃烧气体极高的
温度，另一侧又要承受很低的温度，这是目前的一般材料无法满足的。因此，必
须要研发出一种功能梯度材料，这种材料能将金属的耐低温性与陶瓷的耐高温性
很好地有机结合，使得所制得的产品能在极限条件下充分发挥其性能。此种超音
速燃烧冲压式发动机燃烧室的内壁就是将金属和陶瓷材料应用功能梯度材料的相
关制备技术，有效控制其内部组成和微细结构的变化，使两种材料之间既不会出
现明显界面，又能使整体材料具有较高的耐热应力强度以及较好的综合力学性能，
从而改善了零件的综合性能。

　　2. 传统与现代功能梯度材料制备工艺比较

　　（1）传统的功能梯度材料制备工艺。目前，传统的制备功能梯度材料工艺是
含金属相的、主要是基于传输的制备方法。基于传输的制备方法是指借助流体的
流动、原子的热传导或扩散等，在材料局部的微观结构中制造出梯度。具体的制
备方法如图7-22所示。

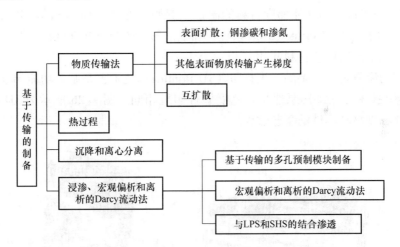

图7-22　基于传输的传统功能梯度材料制备方法

　　图7-23所示为一传统的功能梯度材料制备工艺。将粉末容器2中的粉末按一
定的速度供给垂直的混合器3，在进行充分混合后，粉末被分配到旋转着的预制块
中心，并在离心力的作用下被推至压块内壁，然后经过压实、脱蜡、烧结以及热
静压等工艺，最后制成所需的功能梯度材料。

　　从传统的功能梯度材料的制备工艺中可以看出，功能梯度材料仅仅是在一个
混合器中进行简单混合，近似地达到材料的梯度变化，而不是直接制造出复杂的
梯度材料，因此这种工艺制成的功能梯度材料的应用范围有限。

　　（2）现代的功能梯度材料制备工艺。现代的功能梯度材料的制备工艺是借助

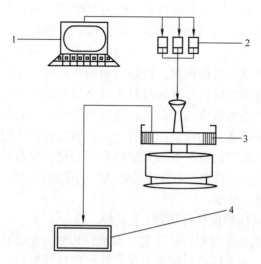

图 7-23　传统的功能梯度材料制备工艺
1—计算机　2—粉末容器　3—混合器　4—脱蜡烧结

RP 工艺与技术进行的功能梯度材料的制备。例如，美国 Z Corporation 公司就是借助如图 7-24 所示的 Z Printer Z406 系统，加工出彩色的功能梯度材料零件。图 7-25 所示为其加工出来的多材料叶片。

美国的麻省理工学院的三维打印（3D Printing）技术也是制造功能梯度材料最有效的 RP 技术之一，其原理与彩色喷墨打印机相同。图 7-26 所示为 3D Printing 加工功能梯度材料零件的工艺过程。

图 7-24　Z Printer Z406 系统

图 7-25　多材料叶片

从图 7-26 中可以看出，只需借助 RP 工艺就可制备出所需的功能梯度材料或零件。其大致工艺过程是，首先建立 CAD 模型，输出适合 RP 工艺及设备的二维接口文件；然后，RP 工艺以 CAD 二维切片数据作为接口文件，驱动其硬件设备工

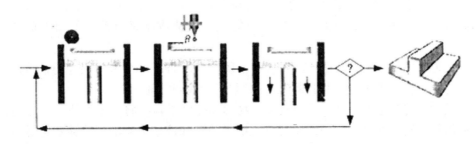

图 7-26 三维打印工艺过程

作，从而完成基于 RP 工艺的功能梯度材料零件的加工与制作。

（二）射流电沉积快速成型技术的研发

当前，金属原型制件的 RP 制造是 RP 技术领域的重要研究内容之一。最近，研发出许多 RP 金属原型制件的成型工艺，如热化学反应、多相组织沉积、形状沉积制造、射流电沉积快速成型、激光近形制造、液态金属微滴沉积等。其中，采用射流电沉积快速成型技术制作出来的原型样件具有表面质量良好、材料组织结构致密及尺寸精度较高等优点，因而其发展较为迅速。

图 7-27 所示为射流电沉积快速成型原理。在喷嘴中高速流动的电解液以一定的压力和速度喷射到阴极上；同时，计算机控制喷嘴，将事先设计好的 CAD 模型经分层切片处理后转换为扫描数控代码；电解液就会按照扫描数控代码有选择地进行金属离子的沉积；与此同时，金属离子每沉积一层，阴极夹具就会按一定的距离进行提升。如此循环往复，最终完成金属原型制件的 RP 制备。

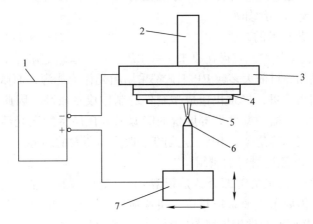

图 7-27 射流电沉积快速成型原理

1—电源 2—阴极夹具 3—阴极 4—沉积层 5—电解液 6—喷嘴 7—喷嘴夹具

（三）纳米晶陶瓷快速成型技术的研发

目前，金属、陶瓷等材料直接进行快速成型工艺已经成为世界材料界的研究热点和重要发展方向。其中，陶瓷材料与金属材料相比，具有强度高、硬度大、耐高温、耐腐蚀等优点，因此陶瓷材料的直接快速成型是目前人们研发的热点之一。

最近，中科院沈阳自动化研究所和金属研究所研制出纳米晶陶瓷的快速成型工艺与设备，并成功制作出了具有纳米级颗粒的陶瓷零件。

其大致的制造工艺是：采用机械、物理或化学手段，将纳米级陶瓷粉末与液态光敏树脂按比例混合均匀，使其成为纳米陶瓷和液态树脂的混合浆料；然后借助光固化 RP 设备，将此种浆料进行紫外光照射，使纳米陶瓷浆料逐层固化，制成纳米陶瓷原型制件；最后再采用高温、高压以及脉冲烧结等工艺烧掉树脂，获得陶瓷原型制件，其晶粒尺寸大约只有 100nm。若条件允许，可再次固化以及增强烧结，以便获得晶粒尺寸更细小的纳米陶瓷制件。

二、快速成型技术的发展趋势

目前，RP 工艺与技术已逐渐趋向成熟，各项 RP 工艺与技术在进一步完善的同时，研发的重点已从工艺和设备研发转向工业化、实用化和产业化方向的研究。未来 RP 制造技术的研究与发展方向，应该是朝着智能化、网络化以及集成化的方向发展；同时，进一步研制出更为经济可靠、精密高效的 RP 工艺与设备，研发出多种通用的原材料，以拓展 RP 技术的应用领域。

当今 RP 技术已成为先进制造技术的重要组成部分，各种不同的快速成型原理和工艺也在不断涌现，今后的研发方向应在以下几个方面：CAD 数据处理与 RP 有效接口的进一步研究；提高 RP 原型制件的制作精度与强度的研究；开发新的、更便利的快速成型工艺方法；通用的、标准化的成型材料的研发。快速原型制造技术的未来发展趋势可归纳如下：

（一）RP 工艺技术的改进

推广 RP 工艺与技术，就得在原来多种 RP 工艺的基础上研究出新的快速成型工艺与方法。例如，目前大多数 RP 工艺都采用激光作为能源，而激光系统的价格及维护费用都相当昂贵，导致快速成型制件的制作成本较高，因此如何借助其他能源，如半导体激光器、紫外灯等廉价的能源来替代昂贵的激光系统，降低快速成型制件的制作成本等是今后 RP 工艺创新、改进与研发的趋势。

（二）新型 RP 原型材料的研制

RP 工艺与技术的最关键部分就是新型 RP 原型材料的研制。通常对快速成型工艺用材料的性能要求主要是能精确、快速地加工出符合用户要求的产品原型制件。例如，当 RP 原型制件用于概念件时，主要考虑其成型精度；当原型制件用于功能件时，主要考虑其力学性能、物理性能及化学性能；当原型制件用于功能制件时，其性能应满足相关的后处理工艺。

目前，进一步降低材料的成本价格，研发出价格更低、性能更好，特别是研发出复合材料、纳米材料、生物活性材料等全新的 RP 用材料，已成为当前国内外

RP 原型材料的研发热点。

此外，目前正在研发一种特殊的 RP 工艺，即对一些特殊功能材料进行直接快速成型，或对某些功能材料进行改造或预处理，使之能满足相应的快速成型技术的某些工艺要求。例如，在生物技术和生物医学、工程学方面，如何制造出复现生命体全部或部分功能的"生物零件"，或从无生物活性的假体研制出具有再生功能的组织工程支架等，都是当前生物制造需研究和努力的方向。

（三）研发功能更强大的数据采集、处理和监控软件

RP 软件系统是 RP 技术实现离散、层层堆积成型的关键内容，而且对快速成型制件的成型速度、成型精度、零件表面质量等具有很大影响。如何建立适合所有 RP 工艺的、统一的数据接口文件格式，是当今 RP 软件系统需解决的主要问题。另外，当前 RP 软件所生成的层片文件属于后缀为 *.STL 等的二维文件格式，并且所切分的层厚都相同，今后能否研制出厚度不等的三维层片文件格式，或在三维数字模型上随意进行截面与分层，以便对三维模型进行更精确、更简洁的数学描述，从而进一步提高 RP 的造型精度等，都是 RP 软件研发的重点。

与此同时，研发出新的快速成型专用软件，以提高数据的处理速度和精度；研发出新的 CAD 数据切片方法，以减少数据处理量以及如 STL 接口格式文件在转换过程中产生的数据缺陷和造成模型外形部分失真等缺点，使 RP 工艺与设备成为具有更高速度、更高精度和可靠性的快速成型技术等，也都是 RP 软件研发的重点。

（四）RE、RP 与 RT 技术的进一步集成

RE、RP、RT 技术各有优缺点。例如，RE 是提供产品三维 CAD 数据模型的一种快捷手段；RP 技术具有较高的柔性，能加工出具有复杂外形的原型制件，同时可将三维 CAD 数据模型快速转变为三维实体模型；在 RE、RP 技术的基础上，借助 RT 工艺构成一个较为完整的新产品研发体系，可突破传统产品开发的模式，并可通过照片、CT 或实物模型获取三维数据后快速地对所需研发的层片进行仿制、修改与再设计，还可大大缩短新产品的研发周期并降低研发成本，从而有效地提高新产品开发的质量和效率。目前，该三大技术的有效集成，是新产品研发最有力的工具之一。今后，该三大技术集成的研发重点是，彻底实现 RE、CAD、CAE、CAM 和 RT 等技术的无缝连接，并向网络化制造方向发展。

（五）向着产品两头的尺寸方向发展

经市场调研，发现新产品在外形上的研发有向两头尺寸方向发展的趋势，即向着成型尺寸不断增大以及不断缩小的方向发展。目前，以 SLA 快速成型技术为基础，开发微机电系统的重要手段之一就是采用高精度激光扫描系统的微米印刷技术，并已逐步成型。例如，美国的一国家实验室借助 RP 工艺技术制作微型自主机器人，整个外形只有一个分币大小，并且其内部所有机械零部件全都由 RP 技术加工与制作，若加上电子器件和微型电动机，它便可以自由行走。

（六）向着行业标准化的方向发展

目前，各种 RP 工艺技术及设备种类较多，各自独立发展，并且大部分原材料和产品的标准都不统一，缺乏行业标准，无通用性，所加工出来的产品性能也不一样，这在一定程度上阻碍了 RP 工艺技术的推广及广泛应用。因此，在改进 RP 工艺与技术的同时，应大力推广 RP 工艺与技术的行业标准化进程，使 RP 工艺与技术系列化、标准化和行业化，这也将推动快速成型技术的迅速发展和普及。

此外，在大力推广 RP 工艺与技术的行业标准化进程的同时，快速成型设备的安装和使用也应该朝着结构简单、操作方便、智能化、不需要专门的操作人员全程跟踪与监控，即能像操作类似一台打印机那样使用简便与快捷的方向进行研发。

（七）向着高速度、高精度及高可靠性的方向发展

改进 RP 工艺、设备、结构和控制系统，选用性价比高、可靠性好、寿命长的系统元器件，研发出效率高、可靠性好、工作精度高并且价廉的 RP 制造设备，进而解决目前 RP 系统价格昂贵、精度较低、原型制件表面质量较差以及原材料价格较昂贵等诸多问题，使 RP 系统的操作更加方便和简捷。

随着 RP 技术的飞速发展，其成型用原材料、工艺、设备、应用领域等都将不断得到改进与完善，RP 工艺的产品精度、强度、表面质量等技术指标也将随之不断地改善与提高，其模型制作成本也将会下降。未来的快速成型工艺技术会有更广阔的应用前景。

本 章 小 结

RE、RP 及 RT 技术的集成，已作为产品快速设计与开发的重要支撑技术，成为快速成型技术的应用及今后的发展趋势。在经济飞速发展的今天，任何企业只要能将自己的产品不断地进行改革与创新，以满足不同用户的需求，就能拥有该产品的竞争优势，并跟上时代潮流，使自己立于不败之地。

复习思考题

1. 简述逆向工程、快速成型与快速模具集成系统框架。
2. 简述快速成型技术的发展现状、研发方向以及现存问题。

参 考 文 献

[1] 吴怀宇. 3D 打印三维智能数字化创造［M］. 北京：电子工业出版社，2015.

[2] 王广春. 增材制造技术及应用实例［M］. 北京：机械工业出版社，2014.

[3] 王运赣，王宣编. 3D 打印技术［M］. 武汉：华中科技大学出版社，2014.

[4] 刘伟军，等. 快速成型技术及应用［M］. 北京：机械工业出版社，2006.

[5] 陈雪芳，孙春华，等. 逆向工程与快速成型技术应用［M］. 北京：机械工业出版社，2009.

[6] 王学让，杨占尧，等. 快速成型与快速模具制造技术［M］. 北京：清华大学出版社，2006.

[7] 张曙，陈超祥. 产品创新和快速开发［M］. 北京：机械工业出版社，2008.

[8] 王广春，赵国群. 快速成型与快速模具制造技术及其应用［M］. 北京：机械工业出版社，2003.

[9] 格布哈特. 快速原型技术［M］. 曹志清，丁玉梅，宋丽莉，等译. 北京：化学工业出版社，2005.

[10] 杨文玉，尹周平，孙容磊，等. 数字制造基础［M］. 北京：北京理工大学出版社，2007.

[11] 郭黎滨，张忠林，王玉甲，等. 先进制造技术［M］. 哈尔滨：哈尔滨工程大学出版社，2010.

[12] 冯小军，邱川弘，程毓. 先进制造技术［M］. 北京：机械工业出版社，2008.

[13] 卢清萍. 快速原型制造技术［M］. 北京：高等教育出版社，2006.

[14] 刘伟军，孙文玉，等. 逆向工程：原理·方法及应用［M］. 北京：机械工业出版社，2009.

[15] 王霄. 逆向工程技术及其应用［M］. 北京：化学工业出版社，2004.

[16] 黎震，朱江峰. 先进制造技术［M］. 2 版. 北京：北京理工大学出版社，2010.

[17] 单岩，谢斌飞. Imageware 逆向造型技术基础［M］. 北京：清华大学出版社，2006.

[18] 王运赣. 快速成型技术［M］. 武汉：华中理工大学出版社，1999.

[19] 刘光富，李爱平. 快速成型与快速制模技术［M］. 上海：同济大学出版社，2004.

[20] 王运赣. 快速模具制造及其应用［M］. 武汉：华中科技大学出版社，2003.

[21] 金涛，童水光. 逆向工程技术［M］. 北京：机械工业出版社，2003.

[22] 王霄，刘会霞. CATIA 逆向工程使用教程［M］. 北京：化学工业出版社，2006.

[23] 朱林泉，白培康，朱江淼. 快速成型与快速制造技术［M］. 北京：国防工业出版社，2003.

[24] 陈贤杰. 先进制造技术论文集［C］. 北京：机械工业出版社，1996.

[25] 王秀峰，罗宏杰. 快速原型制造技术［M］. 北京：中国轻工业出版社，2001.

[26] 王运赣. 快速模具制造及其应用［M］. 武汉：华中科技大学出版社，2003.